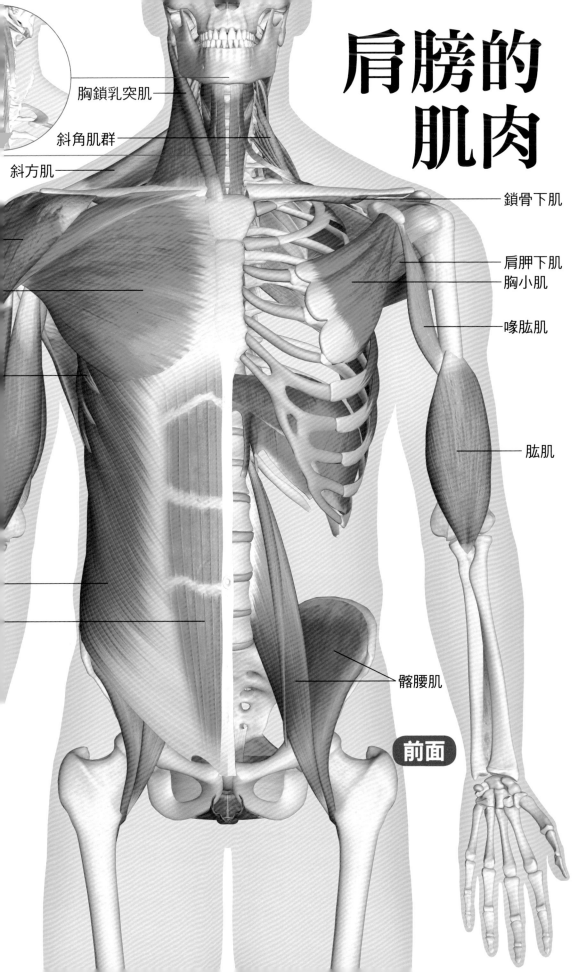

肩膀的肌肉

胸鎖乳突肌

斜角肌群

斜方肌

鎖骨下肌

肩胛下肌
胸小肌

喙肱肌

肱肌

髂腰肌

前面

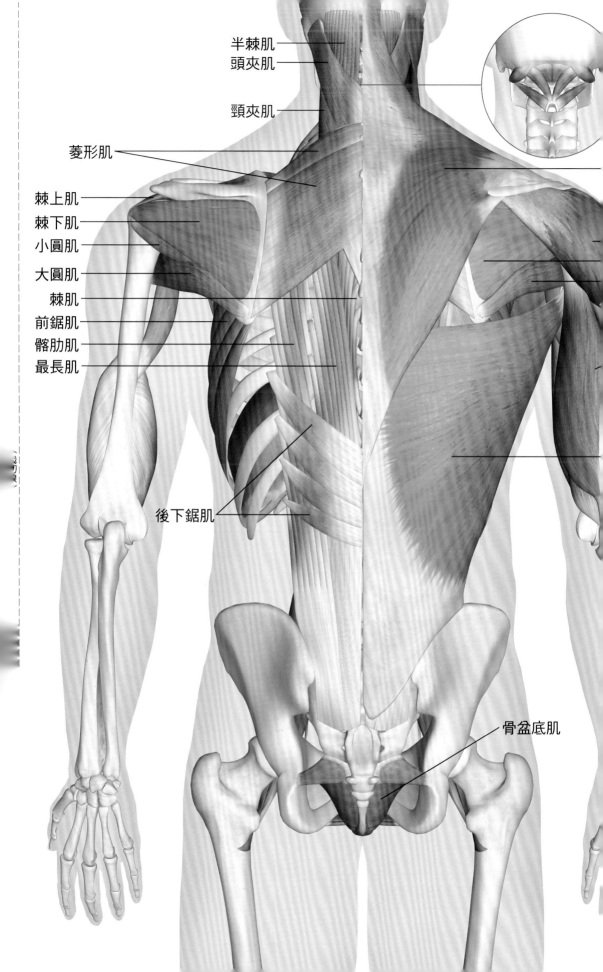

半棘肌

頭夾肌

頸夾肌

菱形肌

棘上肌

棘下肌

小圓肌

大圓肌

棘肌

前鋸肌

髂肋肌

最長肌

後下鋸肌

骨盆底肌

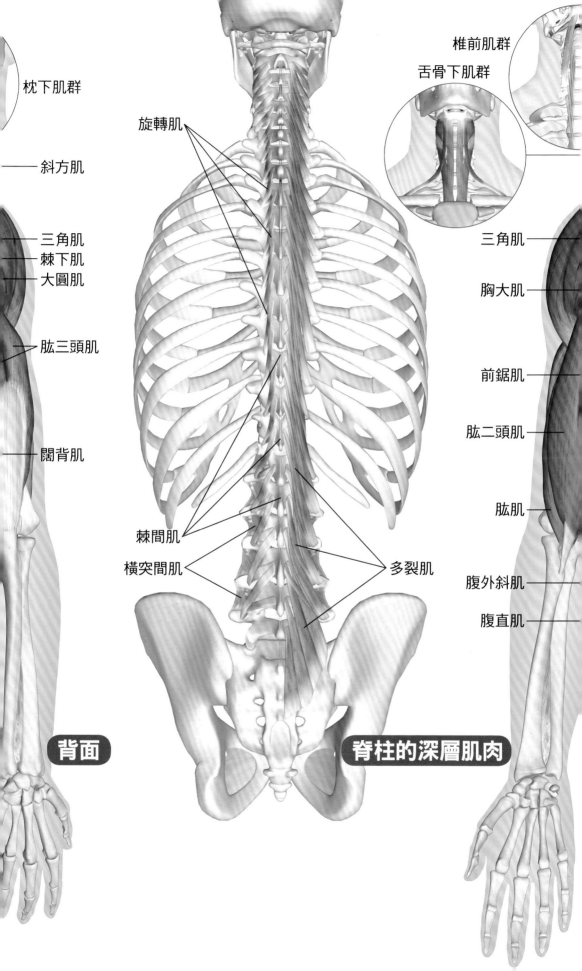

枕下肌群

斜方肌

三角肌
棘下肌
大圓肌

肱三頭肌

闊背肌

旋轉肌

椎前肌群
舌骨下肌群

三角肌

胸大肌

前鋸肌

肱二頭肌

肱肌

腹外斜肌

腹直肌

棘間肌

橫突間肌

多裂肌

背面

脊柱的深層肌肉

運動器官全圖解

肩胛完全指南

總監修・解剖學監修 ｜ 竹內 京子

運動動作監修 ｜ 宮崎 尚子

前言

本書《肩胛完全指南》，是繼2012年發行的《骨盆完全指南》後，「運動器官」解說系列的第二本專書。與《骨盆完全指南》一樣，本書在初期企劃與實際編撰內容時，都希望讀者能夠從書中所提供的觀點，多面向掌握與運動相關的「肩膀」，並運用所學知識，思考人體動作。

本書很努力地想列出與「肩膀」相關的各種內容，在編撰時卻發現遇到的第一個問題竟是「肩膀應該如何定義」，這或許也可以當成每個人在認知上的落差。

日本人日常生活中所說的「肩膀」，以橫向（額狀面）來說，介於頸根部至肩頭（肩峰），前後（矢狀面）的話則是指肩胛棘（後面）至鎖骨（前面）區域，相當於頸部位置。這個區域包含了斜方肌、棘上肌、提肩胛肌，這些都是出現「肩膀僵硬」時，會按摩舒緩的對象肌肉。如果將範圍擴及至「廣義的肩膀僵硬」，那麼整片斜方肌、肩胛骨、脊柱相對應於背部的「肩胛部」或「頸部」之不適感，也都會被歸類為「肩膀僵硬」。

反觀西方人認知的「肩膀」，卻是解剖學上關節囊包覆肩關節（肩胛骨及肱骨）時，皮膚相對應的區域範圍，這也意味著三角肌才是「肩膀區域」，遠比日本人認知的範圍來得小。由於觀念上的差異，導致雙方對肩膀的定義不同，或許也是因為這樣，才出現了「只有日本人才會肩膀僵硬」的說法。

日文中，肩胛骨的漢字寫作「肩甲」，唸作「かた」。其實在還沒決定要編撰本書之前，我就對日文的「肩胛骨」一詞相當感興趣，甚至希望能有機會推出簡單以「肩胛骨」命名的書籍。直接音讀「肩甲」的話會唸作「けんこう」，也是「健康」的日文發音。

期待本書除了是能夠累積知識的「健康」解剖書之外，也能是「肩膀」的輕鬆讀物，讓不同的讀者作為手邊的參考書多加運用。

總監修、解剖學監修

竹內京子

帝京平成大學人類照護學部柔道整復學科教授（兼任），帝京平成大學大學院健康科學研究科教授。

東京教育大學體育學部健康教育學科畢業後，繼續升學同大學研究所體育學研究科，取得碩士學位（健康教育學專攻應用解剖學專修）。其後跟隨留學國外的丈夫一同赴美，度過一年的留美生活後返日，擔任防衛醫科大學校解剖學（現為再生發育生物學）講座助理、指定講師，並於2009年4月起擔任現職至今。擁有博士（醫學）、體育學碩士、體學學士頭銜。

我最初接觸解剖學，是就學於體育大學的時候。解剖學與運動生理學都是我首次接觸的運動醫學，不過內容實在艱深，所以當初修課完全是為了學分而唸。

畢業後，在擔任健康運動指導員的過程中，才重新了解到這門學科的重要性，接著又與竹內教授相遇，更一改了我過去的消極想法。

身體的原理原則只有一個！答案就在解剖學裡！在指導過程中遭遇的煩惱與困惑也因此獲得解決。

隨著年齡的增長，我也感覺到自己出現各種變化，於是我把自己的身體當成一個小實驗室，每天持續做著不同的實驗。

如今在看解剖圖時，感覺就像是拼組拼圖一樣充滿趣味。相信本書能讓許多讀者感受到完成拼圖時的身心舒暢感。

運動動作監修

宮崎尚子

運動指導員學會負責人。NPO法人日本運動健康指導員協會埼玉縣分部部長。

東京女子體育大學畢業後，任職東京藥業健保健康開發中心兼任講師，其後成立運動指導員學會至今。專長為照護預防相關的各類指導，也會對兒童至老年人等所有對象推廣「健康」主題。指導內容不侷限運動，含括營養、口腔護理、認知機能提升等範疇，姿勢與步行動作解析能力更獲得極高評價。同時也是健康運動指導員、照護預防主任運動指導員。

contents

肩胛完全指南　目次

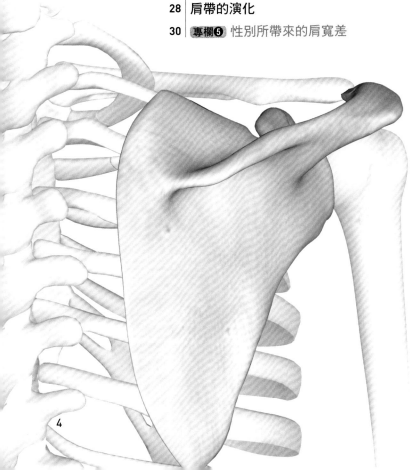

構成肩膀的肌肉

肩膀的運動

肩膀相關須知事項
——常見的肩膀問題與不適

肩膀的類型與確認法

第 6 章

7 肩功能改善運動

附錄

第 1 章

構成肩膀的骨骼

連接手臂與軀幹的部分稱為「肩膀」。
肩膀是由位於身體上部的骨骼組合而成，
並沒有名為肩膀的骨骼。
本章將介紹「肩膀的範圍」與「構成肩膀的骨骼」。

肩膀的範圍
「肩膀」是指連接頸部、手臂、軀幹的部分

肩膀位於軀幹上部，是連接手臂與軀幹的部分。

「肩膀僵硬」、「肩膀痠痛」是我們日常生活中會提及肩膀的用詞。不過，「肩膀」究竟是個部位？

解剖學用語中，其實並未明確定義「肩膀」部位。並沒有叫作「肩膀」的骨骼，「肩膀」也不是用來區分頭部、胸部、腹部等「體表」時會使用的「人體相關用語」。如果硬要以體表來區分的話，包覆肩關節的三角肌位置會被視為「肩膀」。可能也是因為歐美人會將肩關節與被覆該部位的皮膚稱為「肩膀」的關係。在一般日本人的觀念中，肩膀是指頸根部至肩頭這連接手臂與軀幹的大範圍。歐美人認知的「肩膀」相當於日本人所說的「肩頭」，也就是「肩峰」位置。

這也讓我們意識到，「肩膀」的範圍有多種不同的說法。本書除了涵蓋「解剖學所說的肩關節與肩胛帶」外，更會包含「日本人認知的肩膀」，以及肩膀動作相關的所有骨骼與肌肉，解說廣義的「肩膀」。

■肩膀定義各不同

日本與歐美一般人對於肩膀的概念，以及體表解剖學所定義的肩膀並不相同。本書將以整合的角度，考量這些觀念所提到的頭、頸、背等部位，並將所有涵蓋的範圍稱為「肩膀」。

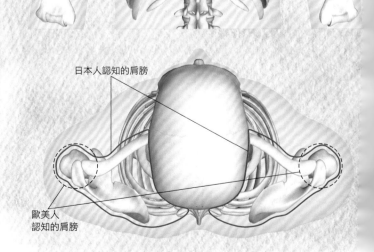

日本人認知的肩膀

歐美人認知的肩膀

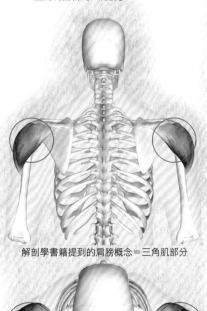

解剖學書籍提到的肩膀概念＝三角肌部分

日本人認知的肩膀

歐美人認知的肩膀

肩胛帶骨骼

肩膀的骨骼為「鎖骨」及「肩胛骨」，兩者合起來又稱為「肩胛帶」。

第1章 構成肩膀的骨骼

第2章 構成肩膀的肌肉

第3章 肩膀的運動

第4章 常見的肩膀問題與不適

第5章 肩膀的類型與確認法

第6章 各種肩膀類型的運動

第7章 肩功能改善運動

　　構成肩膀的骨骼為「鎖骨」及「肩胛骨」，合起來又可稱為「肩胛帶」。解剖學稱為「上肢帶」，整形外科稱為「上肢帶／肩胛帶」，生物動物學則稱為「肩帶」，每個學問範疇的稱法略有不同。

　　肩帶是由「鎖骨」及「肩胛骨」兩種骨骼所構成，但構成肩關節（盂肱關節）的骨骼中也包含了「肱骨」。肱骨雖然是手臂的骨骼，卻也負責連接鎖骨與韌帶或肌肉，並透過關節囊與肩胛骨相連，構成肩膀處的關節。

　　另外，廣義而言，構成「脊柱（脊椎）、胸廓、骨盆、頭顱」的骨骼也包含在構成肩膀的骨骼中。這些骨骼藉由肌肉與肩帶相連，並影響肩膀的運動。先以與手臂運動相關的闊背肌為例，闊背肌部分的起點位於骨盆，而負責上提肩膀的提肩胛肌則位於脊柱最上方的頸椎處。

　　支撐肩膀的斜方肌是位於軀幹背部的大範圍肌肉，卻也與頭部和脊柱（頸椎、胸椎）相連。另外，與頭、頸部運動相關的胸鎖乳突肌，其起點為胸骨及鎖骨，同時也與頭顱（顳骨、枕骨）相連，對肩膀的運動帶來影響。

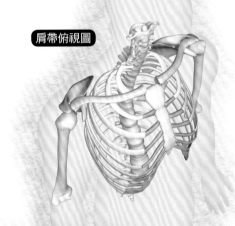

肩帶俯視圖

■構成肩膀的骨骼

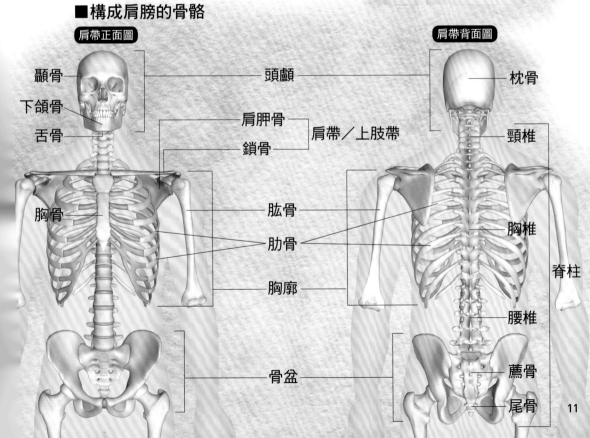

肩帶正面圖

顳骨
下頜骨
舌骨
胸骨
肱骨
肋骨
胸廓
骨盆

頭顱

肩胛骨
鎖骨 ── 肩帶／上肢帶

肩帶背面圖

枕骨
頸椎
胸椎
脊柱
腰椎
薦骨
尾骨

鎖骨 clavicle

構成肩寬的骨骼

　　鎖骨是位於胸口的骨骼，可用肉眼輕易觀察，也能用手觸摸。鎖骨從前面觀察時雖然形狀筆直，但從上方視角觀察的話，會呈S形。每個人的鎖骨長度不同，但多半介於13～14公分，同時也是構成肩寬的骨骼。鎖骨較無法承受來自橫向的衝擊，同時是相當容易骨折的部位。

　　鎖骨加上肩胛骨就能構成肩帶。肩帶還會與胸骨相連，構成肩膀的基礎。鎖骨附著大量肌肉，扮演著穩定肩膀的功能。

　　四足動物又可分為「有鎖骨」動物及「無鎖骨」動物。像是馬這種能夠大幅度前後運動前腿（前臂），擅長奔跑且跑速快的哺乳類就沒有鎖骨。鎖骨的存在會使手臂的前後運動受限，不利於快速奔跑，因此這類動物的鎖骨並不發達。狗有鎖骨但小到難以辨別，可以說相當於「沒有鎖骨」；貓也有小小的鎖骨，但胸鎖關節側帶有滑膜，同樣是較難識別的骨頭。

　　然而，會爬樹的動物就有鎖骨。也正因為有鎖骨，這些動物才能將手臂往前後以外的方向運動。

　　如果是手臂可動性明顯比四足動物更寬廣的「人類」，更是多虧鎖骨的存在，才能讓手臂穩定運動，並自由且大幅度地擺動手臂。

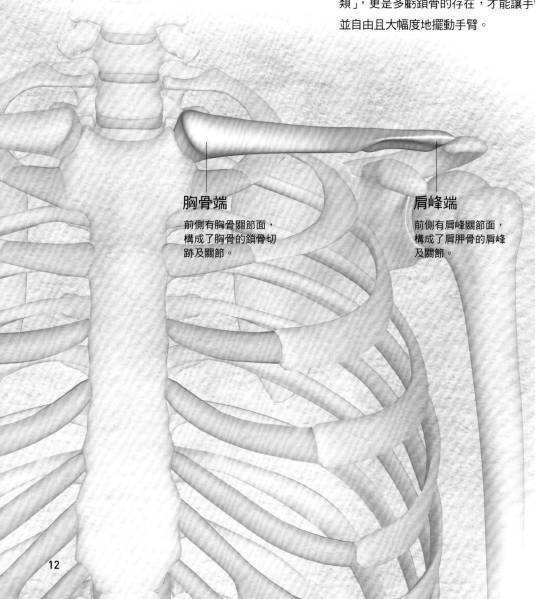

胸骨端
前側有胸骨關節面，構成了胸骨的鎖骨切跡及關節。

肩峰端
前側有肩峰關節面，構成了肩胛骨的肩峰及關節。

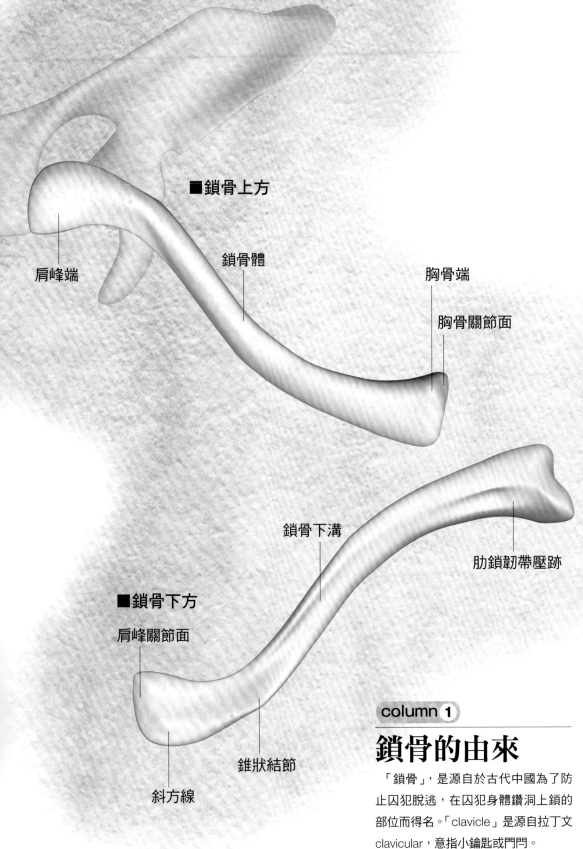

■鎖骨上方

肩峰端

鎖骨體

胸骨端

胸骨關節面

鎖骨下溝

肋鎖韌帶壓跡

■鎖骨下方

肩峰關節面

錐狀結節

斜方線

第1章 構成肩膀的骨骼

第2章 構成肩膀的肌肉

第3章 肩膀的運動

第4章 常見的肩膀問題與不適

第5章 肩膀的類型與確認法

第6章 各種肩膀類型的運動

第7章 肩功能改善運動

column 1

鎖骨的由來

「鎖骨」，是源自於古代中國為了防止囚犯脫逃，在囚犯身體鑽洞上鎖的部位而得名。「clavicle」是源自拉丁文clavicular，意指小鑰匙或門閂。

肩胛骨 scapula

位於背部，形狀為倒三角形的扁平骨骼。

肩胛骨為形狀幾近於倒三角形的扁平骨骼，背部左右各有一塊。

就胚胎學而言，肩胛骨是由3塊骨骼合成，並帶有許多隆起處。

肩胛骨和支撐下肢的骨盆一樣，雖然也附著了相當多的肌肉，不過卻是比骨盆厚度明顯薄了許多的骨骼組合。除了因為肩胛骨原本就是從肌肉發展而成的骨骼之外，理由還包含了肩胛骨不用像骨盆一樣，支撐著體重。

肩胛骨的部位可用2面（肋骨面、背側面）、3緣（上緣、內側緣、外側緣）、3角（上角、下角、外側角）來說明。肋骨面整體來說呈現微凹狀，有些人凹槽的骨骼較薄，甚至尚未完全骨化。

背側面上方約三分之一處有著名為「肩胛棘」的柵狀隆起。肩胛棘介於棘三角與肩峰之間，上下皆有凹槽，又分別稱為棘上窩、棘下窩。

上緣外側有個切痕叫「肩胛上切跡」，喙突會從此處隆起。活體人類的肩胛上切跡上方會覆蓋著肩胛上橫韌帶並形成孔洞，肩胛上神經由此通過。

從喙突到關節盂上方有塊獨立的骨骼，一般而言會在青春期的階段與其他部位黏合，但有極少數的人即便邁入成年仍會處於分離狀態，甚至與肩峰分離成獨立的骨骼。

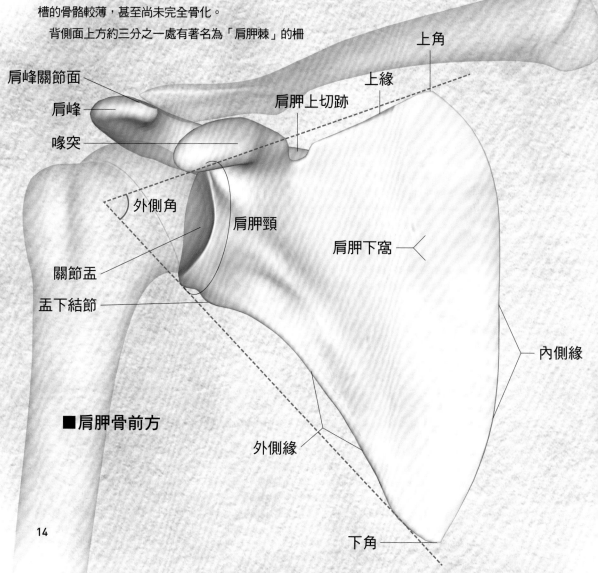

肩峰關節面

肩峰

喙突

上角

上緣

肩胛上切跡

外側角

肩胛頸

關節盂

盂下結節

肩胛下窩

內側緣

■肩胛骨前方

外側緣

下角

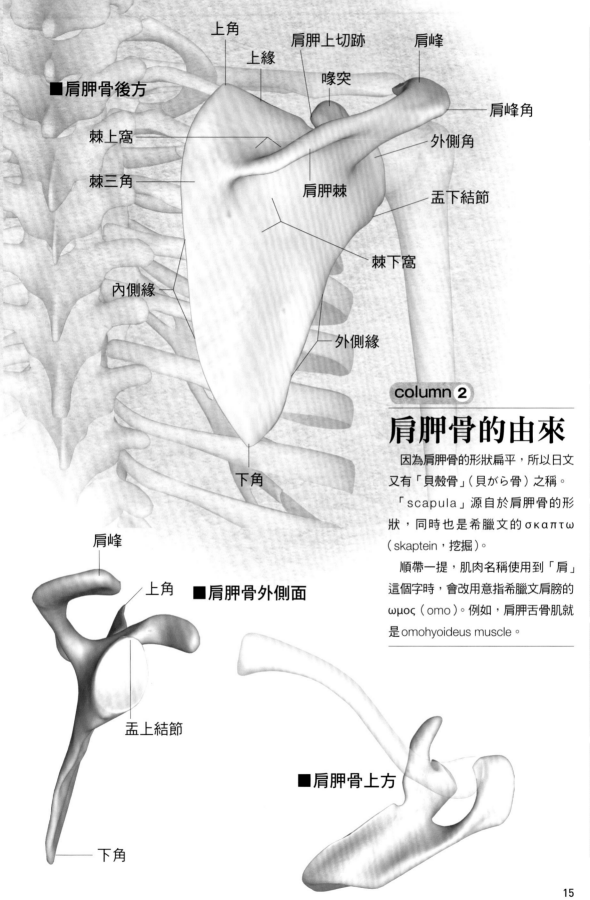

■肩胛骨後方

上角　　上緣　　肩胛上切跡　　喙突　　肩峰

棘上窩

棘三角

內側緣

外側緣

下角

肩胛棘

棘下窩

肩峰角

外側角

盂下結節

■肩胛骨外側面

肩峰

上角

盂上結節

下角

■肩胛骨上方

第1章　構成肩膀的骨骼

第2章　構成肩膀的肌肉

第3章　肩膀的運動

第4章　常見的肩膀問題與不適

第5章　肩膀的類型與確認法

第6章　各種肩膀類型的運動

第7章　肩功能改善運動

column 2

肩胛骨的由來

因為肩胛骨的形狀扁平，所以日文又有「貝殼骨」（貝がら骨）之稱。

「scapula」源自於肩胛骨的形狀，同時也是希臘文的σκαπτω（skaptein，挖掘）。

順帶一提，肌肉名稱使用到「肩」這個字時，會改用意指希臘文肩膀的ωμος（omo）。例如，肩胛舌骨肌就是omohyoideus muscle。

■肱骨前面

結節間溝

大結節

小結節

大結節嵴

小結節嵴

肱骨頭

解剖頸

外科頸

三角肌粗隆

橈骨窩

外上髁

冠狀窩

內上髁

肱骨小頭　　肱骨滑車

肱骨髁

肱骨 humerus

肱骨是位於上手臂的骨骼，與肩膀相連，共同構成肩關節。

肱骨上面較大，上方內側有半球狀的肱骨頭。骨頭關節面的周圍比較細，「解剖頸」（解剖學領域所說的頸部）就位於此處。

肱骨與同為長骨（long bone）的股骨類似，不過兩端構造稍有差異。股骨的骨頭形狀為球形，肱骨卻非完整的球形；股骨的「頸部」（股骨頸）細長且容易折斷，而肱骨的解剖頸則不然。肱骨的脆弱處位於大、小結節下方，也就是與肱骨體的交界處，容易骨折的部位名為「外科頸」。

肱骨下面形狀扁平，且朝內外展開。在內上髁的突狀物後方有條名為「尺神經溝」的淺溝，尺神經會通過此處。這也是手肘不慎撞到時，會讓人產生麻痺感的神經。

內上髁與外上髁間有塊外突的肱骨髁。肱骨髁又可分成肱骨滑車與肱骨小頭，會分別與前臂的尺骨及橈骨相接形成關節。屈伸手臂時，肱骨髁根部與骨頭相觸的位置會形成凹槽。從前方觀看，橈骨的橈骨頭與尺骨的冠狀突接觸的部分，會形成橈骨窩與冠狀窩兩個凹槽。從後方觀之，與尺骨鷹嘴接觸的位置則有名為「鷹嘴窩」的大凹槽。

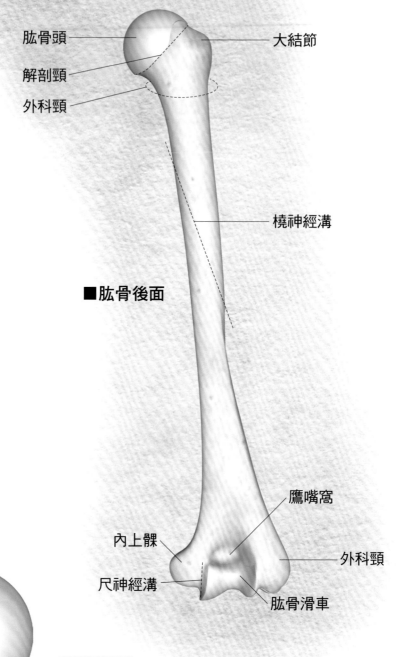

肱骨頭 —— 大結節

解剖頸

外科頸

橈神經溝

■肱骨後面

鷹嘴窩

內上髁 —— 外科頸

尺神經溝

肱骨滑車

解剖頸

外科頸

第1章 構成肩膀的骨骼

第2章 構成肩膀的肌肉

第3章 肩膀的運動

第4章 常見的肩膀問題與不適

第5章 肩膀的類型與確認法

第6章 各種肩膀類型的運動

第7章 肩功能改善運動

column 3

肱骨的兩個「頸部」

　　有些人對於肱骨有2個「頸部」會感到十分混亂。如果是用一般對於「脖子」的認知來檢視肱骨，那麼目光都會落在「外科頸」上。這是因為大結節與小結節靠近比較短的解剖頸，所以很難具體區分出介於「頭部」與「身體」間的「頸部」。此部位是根據解剖學的定義命名，不過卻也是名稱與外觀印象不符的部位之一。只要了解到肱骨的大結節與小結節相當於股骨的大轉子與小轉子後，就能輕鬆掌握肱骨的頸部（解剖頸）了。

與肩膀運動相關的骨骼

透過肌肉的作用，幾乎所有的軀幹骨骼都與肩膀運動相關，
從功能面上，也能將這些骨骼視為肩膀骨骼的一部分。
支撐肩膀，與上肢連動的骨骼主要有頸椎、胸椎、胸骨、肋骨。
另外，支撐著肩膀、頸部的頭顱運動也會影響肩膀的運動。

　有些骨骼雖然不歸類為肩膀部位，卻能透過肌肉作
用，與肩膀運動產生關聯。其中包含了脊柱與胸廓的
「頸椎」、「胸椎」、「胸骨」、「肋骨」。

　此外還要加上斜方肌起點的「枕骨」，以及上臂運
動牽動闊背肌時的「骨盆骨骼」。另外，透過肩胛舌
骨肌與胸鎖乳突肌，支撐著肩膀骨骼的「舌骨」、「顱
骨」、「枕骨」等頭顱部位的骨骼也都列屬其中。

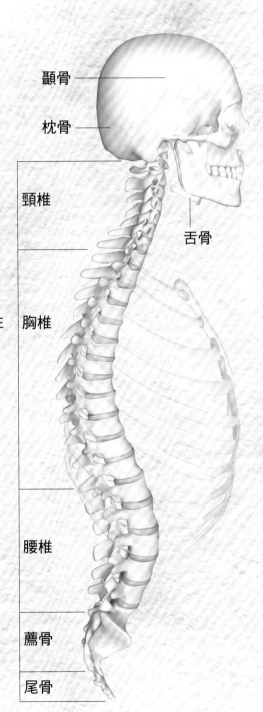

顱骨

枕骨

頸椎

舌骨

胸椎

腰椎

薦骨

尾骨

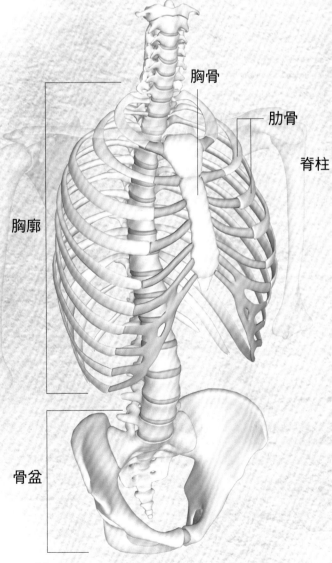

胸骨

肋骨

脊柱

胸廓

骨盆

支撐肩膀的骨骼
頸椎 cervical vertebrae

位於脊柱頸部的骨骼，全部共有7塊。頸椎最大特徵在於有著橫突孔，橫突孔位於橫突，是椎動脈與椎靜脈的通道。第1、第2、第7頸椎則有著不同於其他頸椎的特徵。

頸椎側面

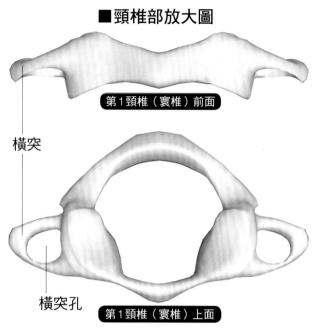

■頸椎部放大圖

第1頸椎（寰椎）前面

橫突

橫突孔

第1頸椎（寰椎）上面

胸椎 thoracic vertebrae

位於脊柱胸部的骨骼，全部共有12塊。胸椎比較大的特徵在於擁有與肋骨的關節面。椎體的上面及下面接近心形，愈下方的胸椎愈大，椎孔則較小且呈圓形。

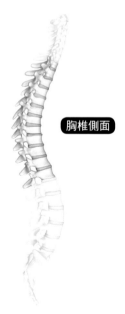

胸椎側面

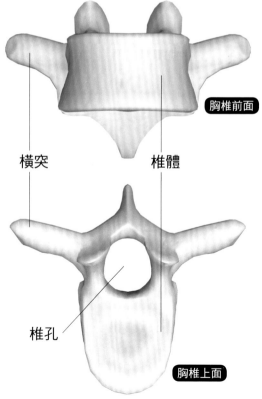

■胸椎部放大圖

胸椎前面

橫突

椎體

椎孔

胸椎上面

第1章 構成肩膀的骨骼

第2章 構成肩膀的肌肉

第3章 肩膀的運動

第4章 常見的肩膀問題與不適

第5章 肩膀的類型與確認法

第6章 各種肩膀類型的運動

第7章 肩功能改善運動

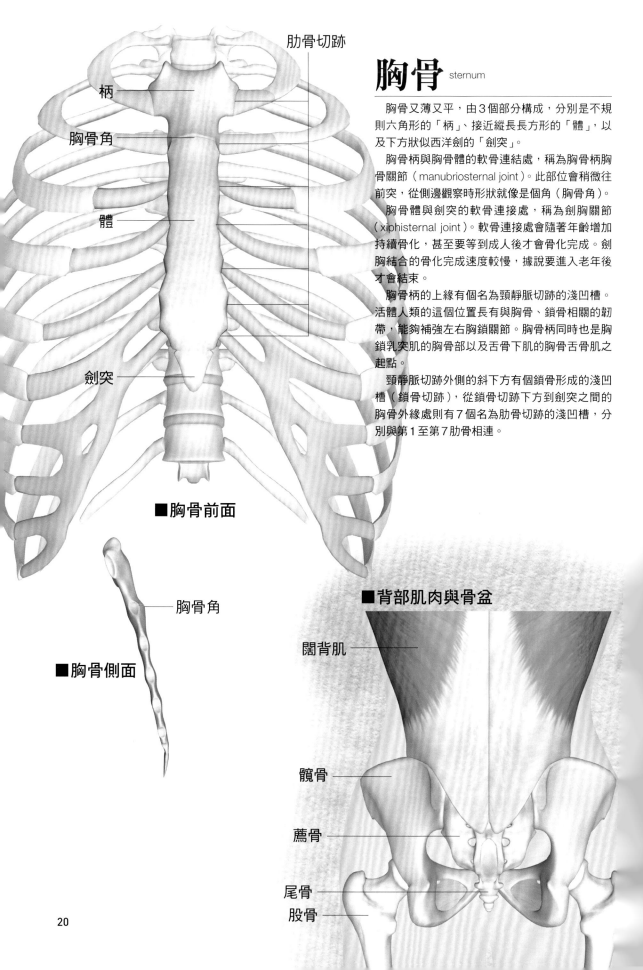

肋骨切跡

柄

胸骨角

體

劍突

■胸骨前面

胸骨 sternum

　胸骨又薄又平，由3個部分構成，分別是不規則六角形的「柄」、接近縱長長方形的「體」，以及下方狀似西洋劍的「劍突」。

　胸骨柄與胸骨體的軟骨連結處，稱為胸骨柄胸骨關節（manubriosternal joint）。此部位會稍微往前突，從側邊觀察時形狀就像是個角（胸骨角）。

　胸骨體與劍突的軟骨連接處，稱為劍胸關節（xiphisternal joint）。軟骨連接處會隨著年齡增加持續骨化，甚至要等到成人後才會骨化完成。劍胸結合的骨化完成速度較慢，據說要進入老年後才會結束。

　胸骨柄的上緣有個名為頸靜脈切跡的淺凹槽。活體人類的這個位置長有與胸骨、鎖骨相關的韌帶，能夠補強左右胸鎖關節。胸骨柄同時也是胸鎖乳突肌的胸骨部以及舌骨下肌的胸骨舌骨肌之起點。

　頸靜脈切跡外側的斜下方有個鎖骨形成的淺凹槽（鎖骨切跡），從鎖骨切跡下方到劍突之間的胸骨外緣處則有7個名為肋骨切跡的淺凹槽，分別與第1至第7肋骨相連。

胸骨角

■胸骨側面

■背部肌肉與骨盆

闊背肌

髖骨

薦骨

尾骨

股骨

肋骨 ribs

　肋骨是由骨頭（肋硬骨）及軟骨（肋軟骨）構成。前面有胸骨及肋軟骨相連（胸肋關節），後面則有肋硬骨及胸椎相連（肋椎關節：肋骨頭關節與肋橫突關節）。

　左右肋骨為12對，總計24根，但與胸骨的肋骨切跡直接相連的只有從上數來的7對。第8肋軟骨與第7肋軟骨相連，第9與第8肋軟骨相連，第10與第9相連，分別與上一個位置的肋骨相連。第11與第12肋骨雖然和胸椎相連，但前方並沒有與其他部位相連，僅呈現被肌肉夾住的狀態。

　與肩膀骨骼相關的肋骨為第1肋骨與第2肋骨。

　與第1肋骨切跡相連的第1肋骨隱身於鎖骨下方，要從體表觸摸有其難度，卻是支撐鎖骨非常重要的骨骼。第1肋骨位於胸廓上口邊界，上下呈平面狀。第1肋骨上面與鎖骨下面之間有鎖骨下肌，除了能帶動鎖骨運動外，前方還與前後鎖骨韌帶、肋鎖韌帶相連，為胸鎖關節帶來補強作用。靠近中間處則與前斜角肌、中斜角肌相連。

　第2肋骨與位於胸骨柄胸骨關節（胸骨角）兩側的第2肋骨切跡相連，能輕鬆找出位置所在。第2肋骨更是從體表探索身體時的標記。此外，第2肋骨與後斜角肌相連。

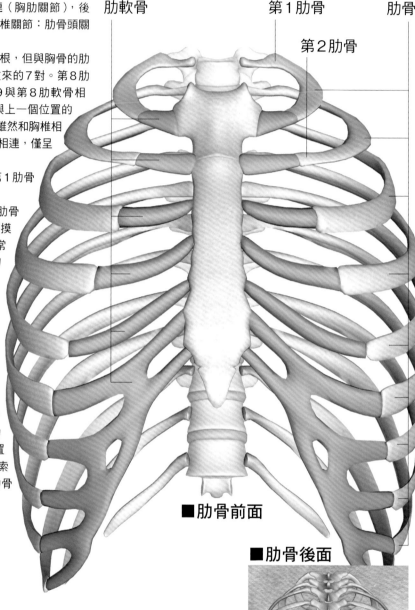

肋軟骨　　第1肋骨　　肋骨

第2肋骨

■肋骨前面

■肋骨後面

骨盆 pelvis

　骨盆為骨骼組合，與手臂運動相關的闊背肌相連。骨盆雖然是下肢帶的骨骼組合，卻也與背部肌肉相通，能夠連動上肢帶。另外，骨盆支撐著脊柱的同時，也間接參與了肩膀的運動。

第1章　構成肩膀的骨骼

第2章　構成肩膀的肌肉

第3章　肩膀的運動

第4章　常見的肩膀問題與不適

第5章　肩膀的類型與確認法

第6章　各種肩膀類型的運動

第7章　肩功能改善運動

支撐肩膀的頭部骨骼

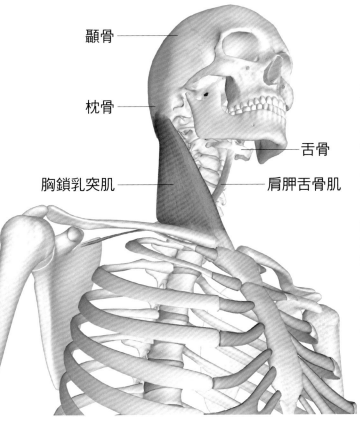

顳骨

枕骨

胸鎖乳突肌

舌骨

肩胛舌骨肌

顳骨 temporal bone
枕骨 occipital bone

　　構成頭顱15種骨骼的其中兩種。顳骨左右各一，是位於耳朵周圍的骨骼。枕骨則是覆蓋著整個後頭部的骨骼。

　　大多數支撐著頭部的肌肉，都與這兩塊骨骼相連。支撐頭部、帶動頭部運動的肌肉，都是起始於脊柱、胸廓與上肢帶，因此會深深影響肩膀的運動。

　　顳骨有乳突與莖突2塊突起，分別透過韌帶和肌肉與舌骨、肩膀、胸廓骨骼相連。

　　枕骨上有最上項線、上項線、下項線的橫向隆起線，並會在此處與脊柱起始的肌肉相連。介於左右最上項線與上項線正中間處有塊名為「枕外隆凸」的隆起，可從體表觸摸到。男性的枕外隆凸會比女性發達，較能清楚觸摸到。

舌骨 hyoid bone

　　舌骨雖然是頭顱骨骼之一，與其他骨骼卻沒有直接關聯，是完全騰空的獨立骨骼。

　　舌骨是位於下顎骨及甲狀軟骨間的小骨骼，呈U字形，並埋在舌根與咽喉間。

　　舌骨可區分為前方的扁平舌骨體、舌骨體兩側延伸至後上方的大角，以及位於舌骨體和大角交界，朝後方隆起的小角。這幾個部分會透過肌肉或韌帶相連。

　　附著於舌骨的肌肉除了有舌骨上肌群、舌骨下肌群外，還包含能讓舌頭運動的舌骨舌肌，以及收縮咽喉的中咽縮肌。

　　肩胛骨與舌骨會透過舌骨下肌群的肩胛舌骨肌相連。

■舌骨前上面

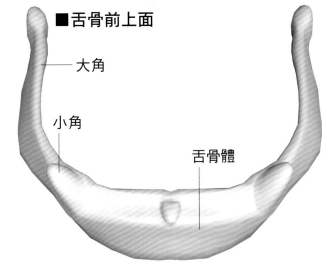

大角

小角

舌骨體

肩膀的關節
3個解剖性關節與2個功能性關節

肩膀共有5個關節，
其中3個屬於解剖性關節，另外2個則是功能性關節。
接下來要探討3個解剖性關節的構造與作用。

　　3個解剖性關節裡，第一個是「肩鎖關節」。這是
由肩胛骨與鎖骨構成的關節，肩帶會相連於此處。另
一個是連接肩帶與軀幹的「胸鎖關節」。肩帶與軀幹
相連的部位就只有胸鎖關節。也因為結構上的不穩

定，得以讓手臂能大幅度地活動。

　　解剖性第3個關節是「盂肱關節」。這是位於肩帶
及肱骨的關節，也是狹義解剖學所指的「肩關節」。

　　有關功能性關節，將會於第3章介紹。

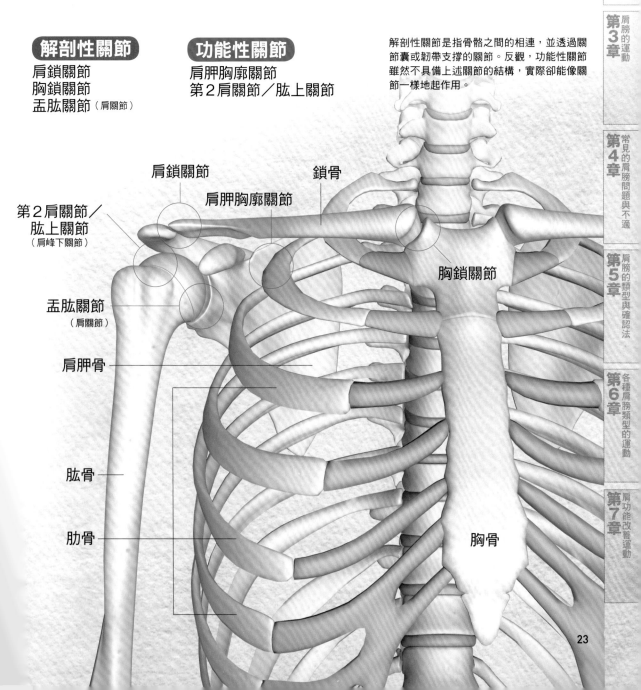

解剖性關節
肩鎖關節
胸鎖關節
盂肱關節（肩關節）

功能性關節
肩胛胸廓關節
第2肩關節／肱上關節

解剖性關節是指骨骼之間的相連，並透過關
節囊或韌帶支撐的關節。反觀，功能性關節
雖然不具備上述關節的結構，實際卻能像關
節一樣地起作用。

肩鎖關節

肩胛胸廓關節

鎖骨

第2肩關節／
肱上關節
（肩峰下關節）

盂肱關節
（肩關節）

胸鎖關節

肩胛骨

肱骨

肋骨

胸骨

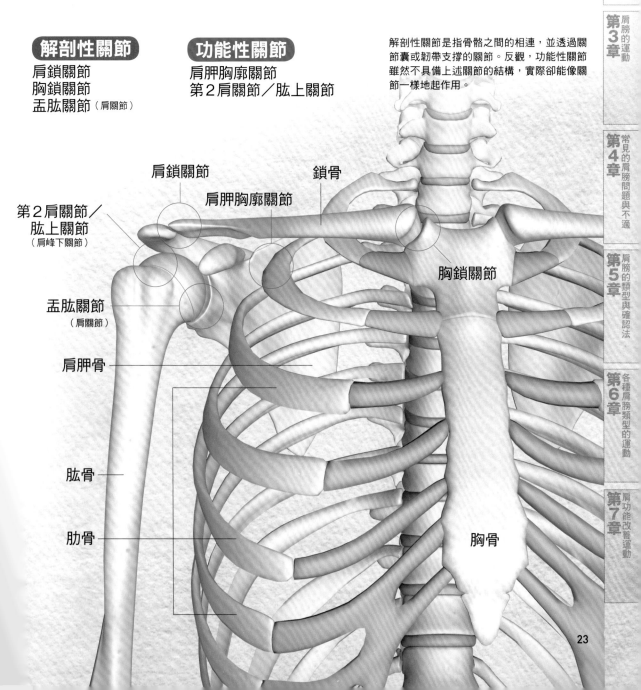

第1章　構成肩膀的骨骼
第2章　構成肩膀的肌肉
第3章　肩膀的運動
第4章　常見的肩膀問題與不適
第5章　肩膀的類型與確認法
第6章　各種肩膀類型的運動
第7章　肩功能改善運動

肩鎖關節 acromioclavicular joint

　　由肩胛骨及鎖骨形成的平面關節，是懸空的肩胛骨和其他骨骼唯一相連的部分，也是肩胛骨旋轉運動時的支點。

　　肩胛骨與鎖骨透過強韌的韌帶相連，將鎖骨的運動傳遞至肩胛骨。另外，肩胛骨也會透過肩鎖關節，與肩關節的運動產生連動。

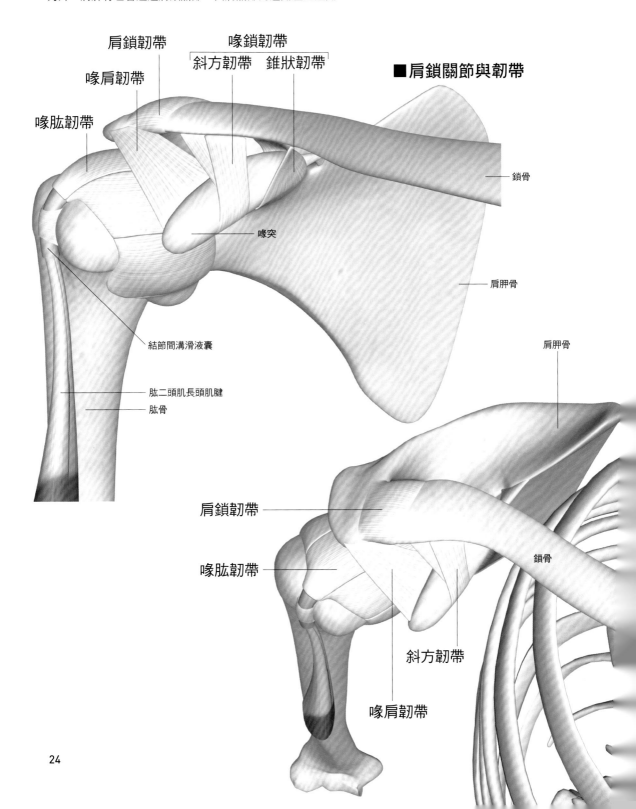

肩鎖韌帶

喙鎖韌帶
斜方韌帶　錐狀韌帶

喙肩韌帶

■肩鎖關節與韌帶

喙肱韌帶

鎖骨

喙突

肩胛骨

結節間溝滑液囊

肩胛骨

肱二頭肌長頭肌腱

肱骨

肩鎖韌帶

喙肱韌帶

鎖骨

斜方韌帶

喙肩韌帶

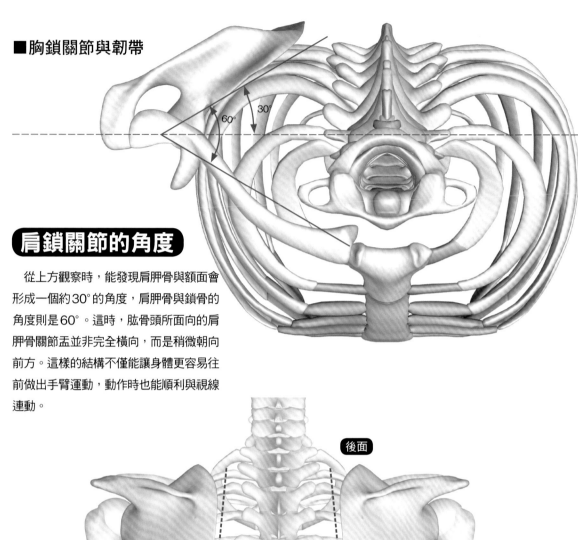

■胸鎖關節與韌帶

肩鎖關節的角度

　　從上方觀察時，能發現肩胛骨與額面會
形成一個約30°的角度，肩胛骨與鎖骨的
角度則是60°。這時，肱骨頭所面向的肩
胛骨關節盂並非完全橫向，而是稍微朝向
前方。這樣的結構不僅能讓身體更容易往
前做出手臂運動，動作時也能順利與視線
連動。

後面

內側緣

下角

肩胛骨的角度

　　如果是以西方人為範本的解剖學圖譜，基本上所
有範本的左右內側緣會幾近平行，且下角筆直朝
下。但是有研究指出，日本不少的老年人會出現肩
胛骨下角微微外開的情況。日本人的駝背或許也與
肩胛骨的角度相關。

第1章　構成肩膀的骨骼

第2章　構成肩膀的肌肉

第3章　肩膀的運動

第4章　常見的肩膀問題與不適

第5章　肩膀的類型與確認法

第6章　各種肩膀類型的運動

第7章　肩功能改善運動

胸鎖關節
sternoclavicular joint

　由鎖骨及胸骨構成的關節，也是唯一與軀幹相連的上肢帶關節。胸鎖關節會透過鎖骨，成為肩胛骨上下、前後移動時的支點。關節盤提升了2關節面的搭配性，使胸鎖關節擁有球形關節般的可動性。

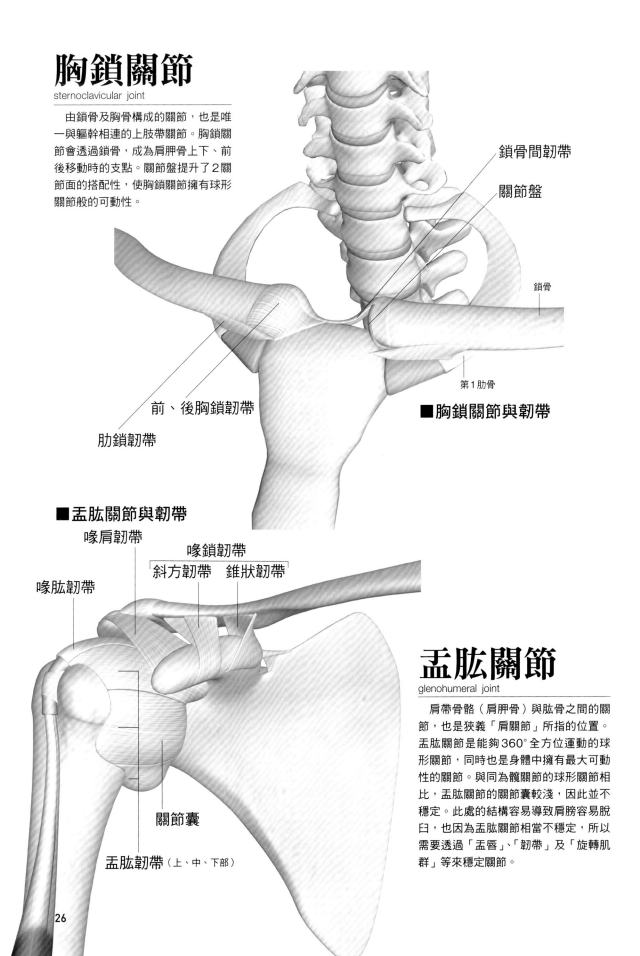

鎖骨間韌帶

關節盤

鎖骨

第1肋骨

■胸鎖關節與韌帶

前、後胸鎖韌帶

肋鎖韌帶

■盂肱關節與韌帶

喙肩韌帶

喙鎖韌帶
斜方韌帶　錐狀韌帶

喙肱韌帶

盂肱關節
glenohumeral joint

　肩帶骨骼（肩胛骨）與肱骨之間的關節，也是狹義「肩關節」所指的位置。盂肱關節是能夠360°全方位運動的球形關節，同時也是身體中擁有最大可動性的關節。與同為髖關節的球形關節相比，盂肱關節的關節囊較淺，因此並不穩定。此處的結構容易導致肩膀容易脫臼，也因為盂肱關節相當不穩定，所以需要透過「盂唇」、「韌帶」及「旋轉肌群」等來穩定關節。

關節囊

盂肱韌帶（上、中、下部）

第1章 構成肩膀的骨骼

第2章 構成肩膀的肌肉

第3章 肩膀的運動

第4章 常見的肩膀問題與不適

第5章 肩膀的類型與確認法

第6章 各種肩膀類型的運動

第7章 肩功能改善運動

column 4 肱骨的2個角度

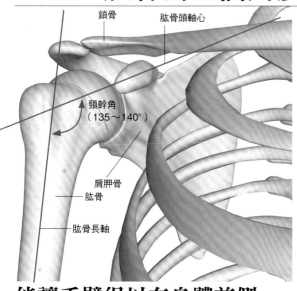

鎖骨　　　　肱骨頭軸心

頸幹角
（135～140°）

肩胛骨
肱骨

肱骨長軸

能讓手臂往上大幅運動的是「肱骨頸幹角」

以肱骨長軸為基準，肱骨頭軸心會朝向135～140°的內上方。與肱骨頭筆直朝上相比，肱骨反而更能大幅地往上運動，兩者形成的角度又稱為「肱骨頸幹角」。

■肱骨的頸幹角

能讓手臂得以在身體前側活動自如的「肱骨後傾角」

肱骨頭軸心會通過肱骨頭關節面正中央，以連接肱骨下端的內上髁及外上髁正中央的髁間線為基準的話，會往後形成一個大約20～30°的角度。此角度又稱為「肱骨後傾角（retroversion angle）」，而每個人的後傾角都不太一樣。

因為後傾角的關係，讓我們能輕鬆將雙手貼合於身體正中央，也就是說能輕鬆從事需要雙手的作業。

位於體壁背部的肩胛骨關節盂會朝向外前側（參照P.14），與朝向內後側的肱骨頭相望，形成肩關節。肱骨長軸大約位於與額切面（用來區分身體前後的面）交錯的位置。由於肌肉附著方式的差異，從這個位置把肱骨向前舉起（肩關節屈曲）時，外旋筋（棘下肌、小圓肌）會呈現鬆弛狀，內旋肌則會呈拉扯狀（參照第2、3章），而外展肌也會逐漸受到拉扯。另外，歸類為雙關節肌肉的肱二頭肌會同時負責肩關節及手肘兩者的屈曲運動。

當肱骨屈曲時，內旋肌會開始收縮，抗衡伸展；肩關節處的肱骨會出現內旋方向的屈曲，同時讓手肘外展、肘關節屈曲。

也因為這樣，我們才能輕鬆地旋前前臂，或是將雙手合於胸前。這樣的構造也讓需要用到雙手的作業變得更加輕鬆。

如果沒有後傾角的話，或許我們身體的「肩膀」就會是完全不一樣的「肩膀」，用手做出的動作絕對也會變得更有難度。

■肱骨的後傾角

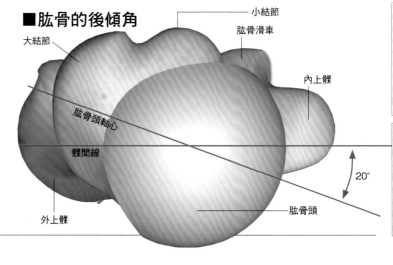

小結節
肱骨滑車
大結節
內上髁
肱骨頭軸心
髁間線
20°
肱骨頭
外上髁

27

肩帶的演化
讓手能夠自由運用的變化之處

隨著人類的演化，肩胛骨的形狀與位置起了變化。
這其實也是因為手臂的作用出現變化的緣故。

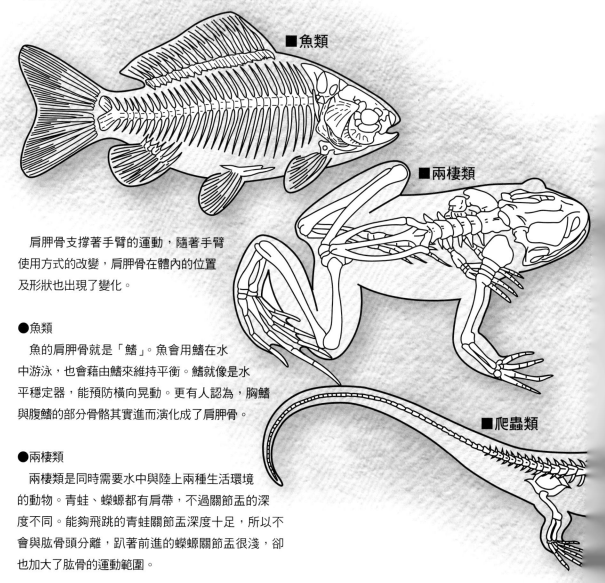

■魚類

■兩棲類

■爬蟲類

肩胛骨支撐著手臂的運動，隨著手臂
使用方式的改變，肩胛骨在體內的位置
及形狀也出現了變化。

●魚類

魚的肩胛骨就是「鰭」。魚會用鰭在水
中游泳，也會藉由鰭來維持平衡。鰭就像是水
平穩定器，能預防橫向晃動。更有人認為，胸鰭
與腹鰭的部分骨骼其實進而演化成了肩胛骨。

●兩棲類

兩棲類是同時需要水中與陸上兩種生活環境
的動物。青蛙、蠑螈都有肩帶，不過關節盂的深
度不同。能夠飛跳的青蛙關節盂深度十足，所以不
會與肱骨頭分離，趴著前進的蠑螈關節盂很淺，卻
也加大了肱骨的運動範圍。

●爬蟲類

大多數的爬蟲類會以手足趴地的方式前進，所以
手臂的肌肉增加，肩胛骨也變得發達。爬蟲類和蠑
螈一樣，肢體長在身體正旁邊，位於體壁兩側的肩
胛骨關節面也朝向外面。蛇沒有肩帶，烏龜的肩帶
則位於肋骨內側。

●鳥類

鳥類是從二足步行的祖龍類（Archosauria）演化
而來，且上肢（手與手臂）朝著「能夠展翅」的方向
演化。鳥類的鎖骨為V字形，與大大的胸骨相連，並
支撐著肩胛骨。這些骨骼附著有飛行肌，讓鳥類能夠
大幅展翅。

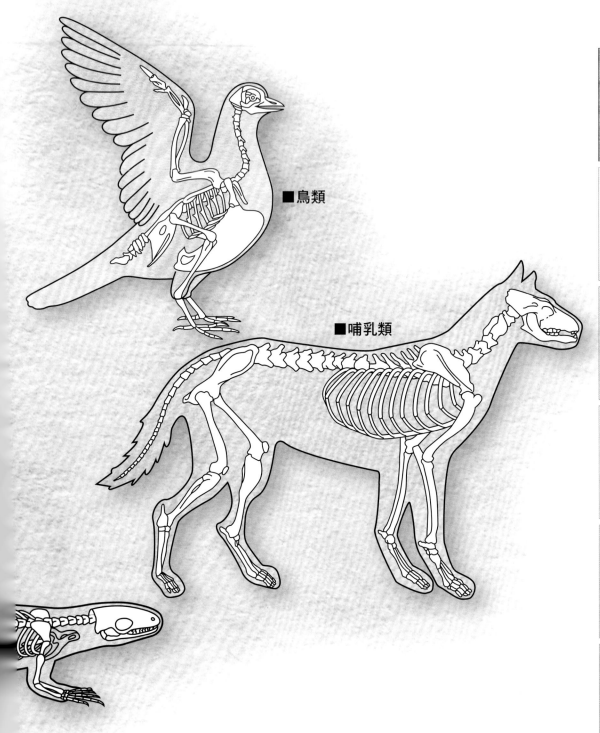

■鳥類

■哺乳類

第1章　構成肩膀的骨骼

第2章　構成肩膀的肌肉

第3章　肩膀的運動

第4章　常見的肩膀問題與不適

第5章　肩膀的類型與確認法

第6章　各種肩膀類型的運動

第7章　肩功能改善運動

●哺乳類（四足動物）

　　不同於匍匐移動的爬蟲類，哺乳類是以肢體支撐體重來移動。為了捕獲獵物，哺乳類的前後肢必須迅速移動，這使得肩胛骨關節面逐漸朝向地面（腹部），支撐著體重的同時，前腳（前肢）還能前後運動。

●人類

　　演化至二足步行的人類用腳移動的同時，還能用手取物，這樣的運動方式比四足動物更有效率。因為前肢不用再支撐體重，手臂開始變得能自由運動外，肩胛骨更是包覆住整個背部。

性別所帶來的肩寬差

一般而言，男性的肩膀總給人形狀為倒三角形、寬度很寬，女性的肩膀則是帶點弧度、寬度較窄的印象。不過，男女的肩膀實際上又有多少差異呢？

決定肩寬的關鍵在於鎖骨長度，計算性別上的肩寬差異時，則有下述3種方法。

①是用腰寬除以肩寬，計算方法單純。②與③則是比較偏學術型的算式，②的「androgyny score」為國外研究，③「j.a. score」則為日本的研究，不過兩者都是以肩寬和腰寬為基準。男性肩寬寬、腰寬窄，所以無論用②或③哪個算式，數值都會偏高。

這3個算式現在幾乎都已經沒在使用，因為經計算後發現，若以男女作區分的話，會出現高達25％的誤差。也就是說，即便我們知道性別不同會使肩寬有所差異，但目前仍未有可呈現出正確數值的方法。

性別所帶來的肩寬差異計算法

①肩寬÷腰寬×100
用肩寬÷腰寬的簡單計算法。
女性 ＜ 130
男性 ＞ 140

②androgyny score（Tanner，1951）
用肩寬×3－腰寬的結果大於82或小於82，藉此判斷性別差異的方法。
女性 ＜ 82
男性 ＞ 82

③j.a. score（木村邦彥等，1969）
用肩寬×7－腰寬的結果大於227或小於227，藉此判斷性別差異的方法。
女性 ＜ 227
男性 ＞ 227

【何謂肩寬】
肩峰點位於肩峰外緣處，最外突的位置，連起左右2個肩峰點的直線距離就是肩寬。

【何謂腰寬】
連起左右2個髂骨點（髂嵴最外突的位置）的直線距離。也可以稱為骨盆寬、髂嵴寬。
＊雖然有時也會將最小腰身（腰圍）視為腰寬，不過這裡採用的是骨骼上所說的腰寬。

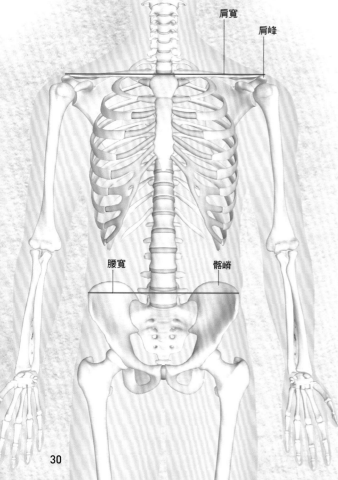

肩寬

肩峰

腰寬

髂嵴

第 **2** 章

構成肩膀的肌肉

本章將介紹打造肩膀外形、與肩膀運動相關的肌肉。
這些肌肉分別位於構成肩帶的鎖骨與肩胛骨,
以及起點或終點位於肱骨的肌肉,
掌握肌肉附著處後,
就能理解每塊肌肉與肩膀運動之間的關係。

附著於肩帶骨骼上的肌肉

附著於肩帶骨骼，也就是鎖骨與肩胛骨上的肌肉起點或終點會在肩胛骨或鎖骨，
這些肌肉負責支撐著肩胛骨與鎖骨，並帶動骨骼。
分別是斜方肌、鎖骨下肌、菱形肌、提肩胛肌、前鋸肌、胸小肌6塊肌肉。
此外，還會提到雖然本身不是肩帶肌肉，
但起點同樣位於肩胛骨與鎖骨，
會關係到頭顱運動的肩胛舌骨肌和胸鎖乳突肌。

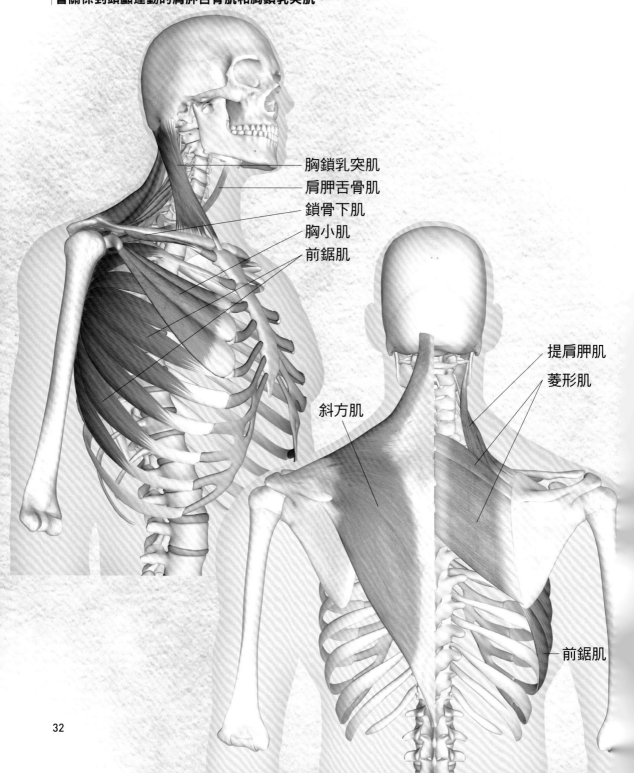

胸鎖乳突肌
肩胛舌骨肌
鎖骨下肌
胸小肌
前鋸肌

提肩胛肌
菱形肌

斜方肌

前鋸肌

斜方肌 trapezius

終點為肩胛骨的肌肉（脊柱→肩胛骨）

覆蓋在肩胛骨最表層的大塊肌肉。會從3個方向附著於肩胛骨上。由於肌肉走向不同，因此可分為上、中、下部。上部肌肉能上提肩胛骨，中部肌肉負責讓肩胛骨朝內側靠攏，下部肌肉則能夠將肩胛骨下壓。上、中、下部肌肉同時收縮的話，肩胛骨會朝內側靠攏。

起點 枕骨上項線、枕外隆凸、項韌帶、第7頸椎以下全胸椎的棘突與棘上韌帶
終點 肩胛骨的肩胛棘、肩峰上緣以及鎖骨外側1/3處
主要功用 上部負責將肩胛骨與鎖骨肩峰端往內上方提起。中部能讓肩胛骨朝內側靠攏，接近脊柱。下部則是能讓肩胛骨上部往內下方下壓，同時讓下角外旋。
支配神經 副神經（外枝）與頸神經叢肌枝C2-C4
血管 枕動脈、橫頸動脈淺枝、肩胛上動脈、肋間後動脈、頸深動脈等

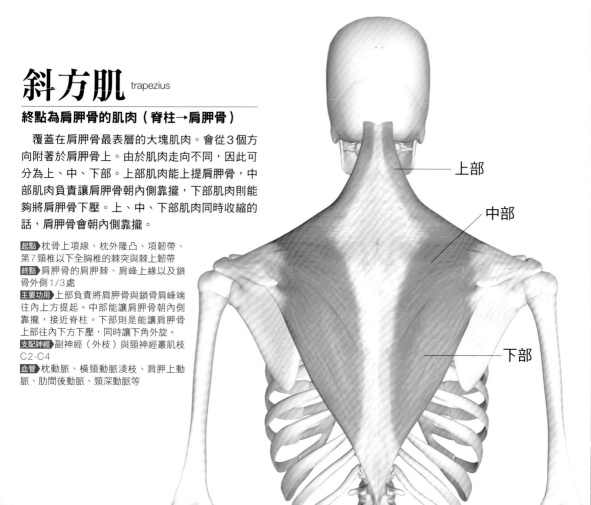

上部

中部

下部

---

column 6

斜方肌的由來

斜斜方肌的「trapezius」源自於拉丁語的「trapezium（梯形）」，語源又源自希臘文。日文和名會取作「僧帽」，是因為整個斜方肌的形狀很像天主教方濟會修道士的頭巾（hood）。卡布奇諾咖啡（cappuccino）據說也是因為顏色很像方濟會修道士的深褐色頭巾而得名。

另外，手骨的大、小菱形骨，在拉丁文裡叫作「trapezium」或「trapezoideum」。原本的意思應該是指梯形的骨骼，不過和名是用「菱形」一詞。順帶一提，菱形的拉丁文是「rhombus」，和菱形肌的「rhomboid muscle」也算是搭得上邊。說起來還挺複雜呢。

方濟會修道士的頭巾

轉載自「筋肉かるた」。插畫：オークボアツコ

第1章 構成肩膀的骨骼
第2章 構成肩膀的肌肉
第3章 肩膀的運動
第4章 常見的肩膀問題與不適
第5章 肩膀的類型與確認法
第6章 各種肩膀類型的運動
第7章 肩功能改善運動

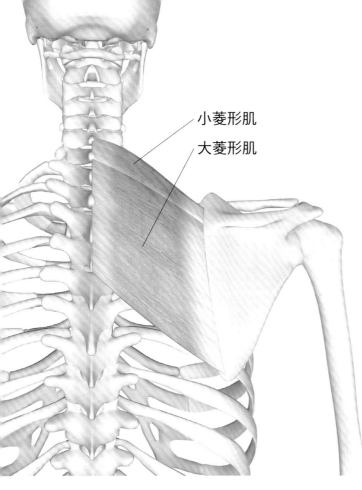

小菱形肌
大菱形肌

菱形肌 rhomboid

終點為肩胛骨的肌肉（脊柱→肩胛骨）

　　菱形肌起始於頸椎或胸椎，是附著於肩胛骨的肌肉，和斜方肌一樣，都是較接近皮膚的淺層背肌群，不過菱形肌的位置比斜方肌深一些。

　　菱形肌又分為大菱形肌與小菱形肌，幾乎會同時運動。大小菱形肌只能用通過兩者之間的血管來做區分，如果是此處沒有血管通過的人，就無法分出大小菱形肌。

　　菱形肌原本就是與提肩胛肌、前鋸肌相關的肌肉，會一起帶動肩胛骨。猴子的菱形肌和提肩胛肌一體成形，不過人類為了能比猴子更靈活運用手臂，所以兩者是分離的。

大菱形肌（rhomboid major）
起點▶第1～4(5)胸椎棘突與棘上韌帶
終點▶肩胛骨內側緣（低於肩胛棘）
主要功用▶將肩胛骨往內上方提起
支配神經▶肩胛背神經C4-C6
血管▶橫頸動脈深枝（肩胛下動脈）、肋間動脈

小菱形肌（rhomboid minor）
起點▶下部項韌帶、第(5)6、7頸椎棘突
終點▶肩胛骨內側緣（肩胛棘的高度）
主要功用▶將肩胛骨往內上方提起
支配神經▶肩胛背神經C4-C6
血管▶橫頸動脈深枝（肩胛下動脈）、肋間動脈

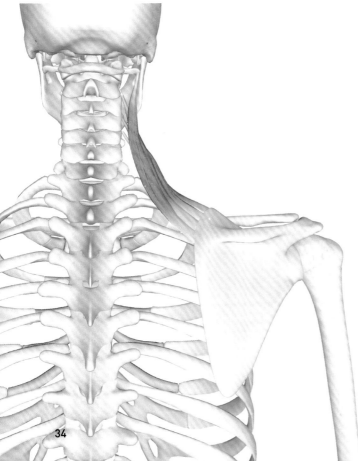

提肩胛肌 levator scapulae

終點為肩胛骨的肌肉（脊柱→肩胛骨）

　　起始於頸椎，結束於肩胛骨上部的肌肉。提肩胛肌如同其走向，負責將肩胛骨往上內側提起，是提肩或聳脖子時會用到的肌肉。

起點▶第1～(3)4頸椎棘突後結節
終點▶肩胛骨上角與內側緣上部
主要功用▶將肩胛骨往上內側提起
支配神經▶頸神經叢的分枝與肩胛背神經C2-C5
血管▶橫頸動脈、肋間動脈等

前鋸肌 serratus anterior

終點為肩胛骨的肌肉（胸廓→肩胛骨）

起始於肋骨，與肩胛骨相連的肌肉，因起點都呈現尖刺的鋸齒狀而得名。前鋸肌附著於胸廓側面，範圍從第1肋骨開始，最大可到第10肋骨，負責將肩胛骨往前拉，或是將肋骨往上提。

仔細觀察亦可發現，下方2/3的肌束會將肩胛骨的下角往前拉，使肩胛骨外旋，這也能夠輔助上臂往前提（肩關節屈曲）或橫開（外展）。最上部（第1肋骨）的肌束也能稍微上提肩胛骨。

起點▶第1～8（9、10）肋骨前外側面
終點▶第1、第2肋骨以及起始於兩者間的腱弓肌束結束在肩胛骨上角。從第2、第3肋骨開始分散開來的肌束結束於肩胛骨內側緣。第4肋骨以下的肌束則結束於下角。
主要功用▶整體負責將肩胛骨往前拉
支配神經▶胸長神經C5-C7（C8）
血管▶橫頸動脈深枝（背肩胛動脈）、胸肩峰動脈胸肌枝、胸背動脈、外胸動脈等

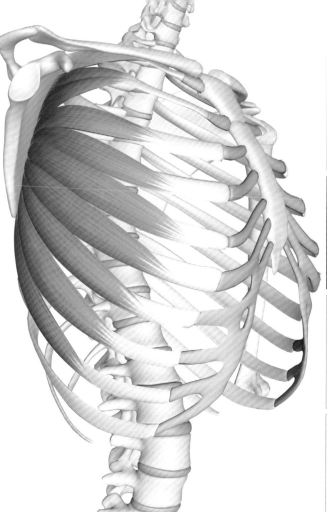

---

column 7

肩胛骨會「騰空」
──翼狀肩胛

前鋸肌是讓肩胛骨貼附於胸廓的肌肉，一旦來自脊髓、負責支配前鋸肌的胸長神經（第5～7頸髓；C5-C7）受損，前鋸肌就完全起不了作用，肩胛骨也會因此從胸廓浮起，此情況稱為翼狀肩胛。

當頸髓下部（C6-C8）等一部分的頸髓受損時，前鋸肌上部的支配神經為第5～6頸神經（C5-C6），所以不受影響，但下部為第6～7頸神經（C6-C7），因此將無法起功用。這時如果舉起手臂，往上外旋的肩胛骨下部會無法確實服貼在胸廓上，導致下部整個浮起。

後背包等重物長時間持續壓住頸根部的話，下部的頸神經就會出現絞扼的情況，導致肩胛骨下部暫時性騰空。

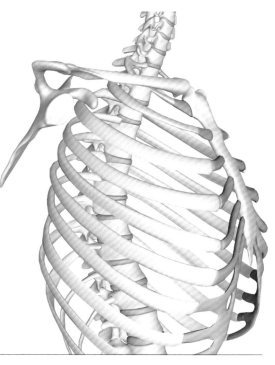

第1章 構成肩膀的骨骼

第2章 構成肩膀的肌肉

第3章 肩膀的運動

第4章 常見的肩膀問題與不適

第5章 肩膀的類型與確認法

第6章 各種肩膀類型的運動

第7章 肩功能改善運動

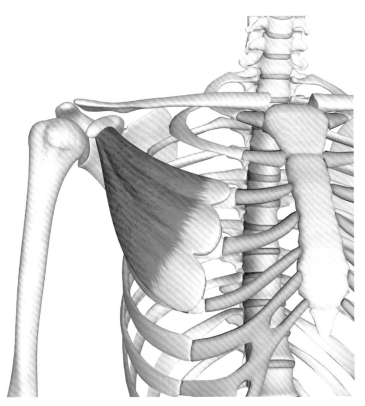

胸小肌 pectoralis minor

終點為肩胛骨的肌肉（胸廓→肩胛骨）

　　起始於胸廓，結束於肩胛骨的肌肉，位於胸大肌深處。將肩胛骨往外側下拉的同時，也會將肋骨往上提。

起點 第2(3)～5肋骨表面
終點 肩胛骨喙突
主要功用 將肩胛骨往前下方拉
支配神經 內胸神經及外胸神經C7、C8(T1)
血管 胸肩峰動脈、外胸動脈、上胸動脈等

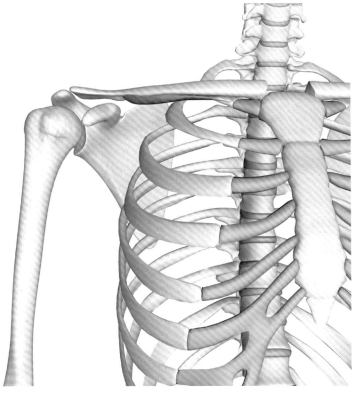

鎖骨下肌 subclavius

終點為鎖骨的肌肉（胸廓→鎖骨）

　　鎖骨下肌是一般人較陌生的肌肉，不過如同其名，位於鎖骨下方與第1肋骨間，從下方支撐著鎖骨運動，同時還能調整胸鎖關節的運動，是屬於「默默給予幫助」的肌肉。

　　若鎖骨下肌持續維持強烈收縮狀態或是失去柔軟度，就會使鎖骨運動受限，甚至對上肢的整體運動造成影響。

　　從支配神經的鎖骨下神經會延伸出膜狀呼吸肌肉，也就是負責支配橫隔膜的副膈神經（accessory phrenic nerve），與橫膈膜及呼吸運動有著極大的關係。

起點 第1肋骨上面的胸骨端
終點 鎖骨中部下面
主要功用 將鎖骨往下拉
支配神經 鎖骨下神經C5(C6)
血管 胸肩峰動脈

第1章 構成肩膀的骨骼

第2章 構成肩膀的肌肉

第3章 肩膀的運動

第4章 常見的肩膀問題與不適

第5章 肩膀的類型與確認法

第6章 各種肩膀類型的運動

第7章 肩功能改善運動

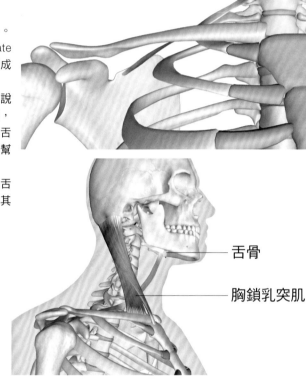

舌骨

肩胛舌骨肌 omohyoid

起點為肩胛骨的肌肉（肩胛骨→舌骨）

位於頸部的肌肉，是「舌骨下肌群」之一。除了在肩胛骨及舌骨間夾有肌腱（intermediate tendon）外，還能分成上腹與下腹，並朝下彎成弓狀。負責將舌骨往後下方拉。

舌骨下肌群的主要功用，是當我們在吞嚥或說話時，能固定並支撐與其他骨骼沒有直接關係，也就是處於騰空狀態的舌骨。不過在運動時，舌骨下肌群卻也能和頸部的其他肌肉相互合作，幫助胸鎖乳突肌運動，給予頭頸部支撐。

肩胛舌骨肌並不屬於肩膀的肌肉，而是運動舌骨的肌肉之一。不過舌骨固定後就能與頸部的其他肌肉共同合作，間接給予肩胛骨支撐力量。

起點 肩胛骨上緣（下腹）
終點 （上腹）舌骨體下緣外側
主要功用 將舌骨往下後方拉
支配神經 頸襻分枝C1-C3（C4）
血管 外頸動脈及鎖骨下動脈分枝

舌骨

胸鎖乳突肌

胸鎖乳突肌

sternocleidomastoid

起點為鎖骨的肌肉（鎖骨→頭蓋骨）

頸部的肌肉，位於脖子左右兩側。起始於胸骨及鎖骨，朝顳骨、枕骨方向延伸。單側運動時，頭會朝相反方向轉動，頸部則會朝同側側屈。左右同時運動的話，頭部會前屈或後屈。胸骨及鎖骨之間的縫隙在皮膚上（體表解剖學）會形成鎖骨上小窩的凹槽。

起點 胸骨為胸骨柄前面、鎖骨為鎖骨的胸骨端
終點 顳骨乳突、枕骨上項線的外側
主要功用 兩邊同時作用的話，脖子會縮起，下顎往前凸。單邊作用時，臉部會轉向另一側。輔助吸氣。
支配神經 副神經外枝、頸神經叢肌枝C2、C3
血管 上甲狀腺動脈、枕動脈等

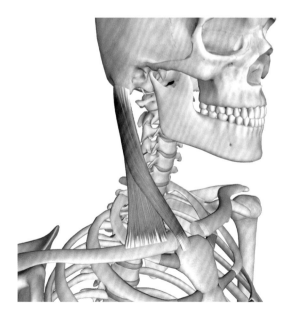

附著上臂與前臂骨骼的肌肉

附著於上臂與前臂骨骼的肌肉，是指起始於肩帶、軀幹、骨盆，結束於肱骨或前臂骨骼的肌肉。
這些肌肉負責支撐著上肢，讓手臂得以自由運動。

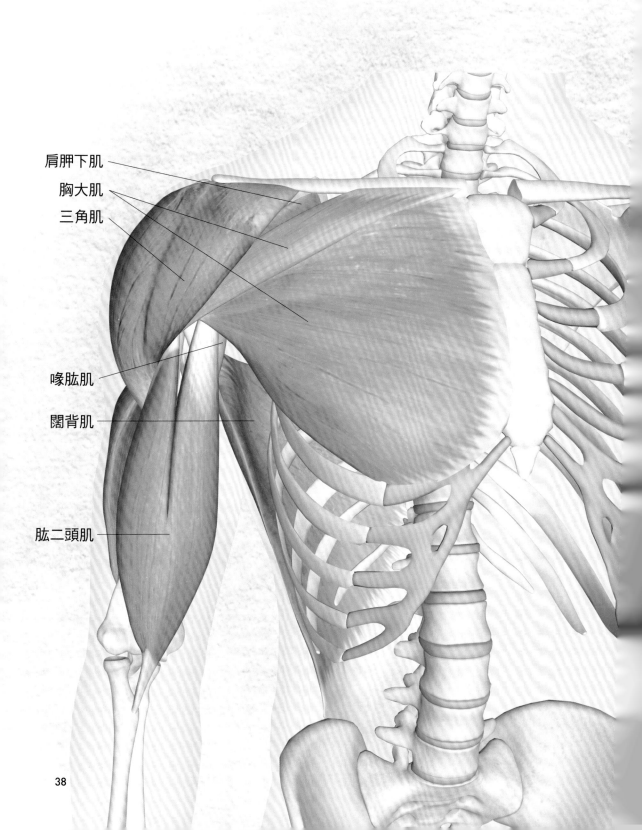

肩胛下肌

胸大肌

三角肌

喙肱肌

闊背肌

肱二頭肌

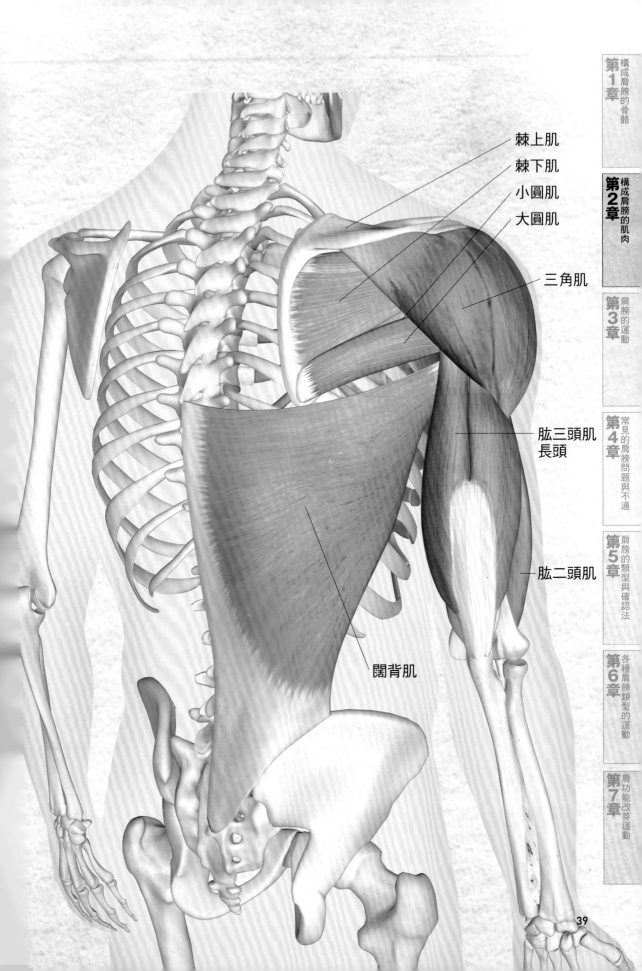

棘上肌

棘下肌

小圓肌

大圓肌

三角肌

肱三頭肌
長頭

肱二頭肌

闊背肌

第1章　構成肩膀的骨骼

第2章　構成肩膀的肌肉

第3章　肩膀的運動

第4章　常見的肩膀問題與不適

第5章　肩膀的類型與確認法

第6章　各種肩膀類型的運動

第7章　肩功能改善運動

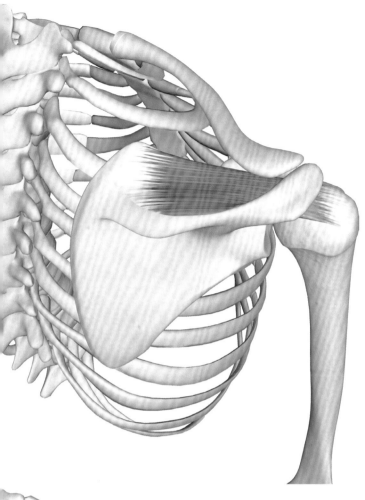

棘上肌 supraspinatus

終點為肱骨的肌肉（肩胛骨→肱骨）

起始於肩胛骨，結束於肱骨的肌肉。是手臂橫舉時會用到的肌肉，同時也是肩峰與肱骨頭間遭受壓力（夾擠；impingement）時容易引起障礙的部位。

棘上肌會與棘下肌、小圓肌、肩胛下肌一起形成旋轉肌群（rotator cuff）。有些人（約25％）的棘上肌終點會落在大結節前方，這時就可能影響肩關節的外旋能力。

<blockquote>
起點▶肩胛骨棘上窩、棘上筋膜內面
終點▶肱骨大結節上部、肩關節囊
主要功用▶肩關節的外展
支配神經▶肩胛上神經C5、C6
血管▶橫頸動脈淺枝、橫頸動脈深枝（背肩胛動脈）、
肩胛上動脈、旋肩胛動脈
</blockquote>

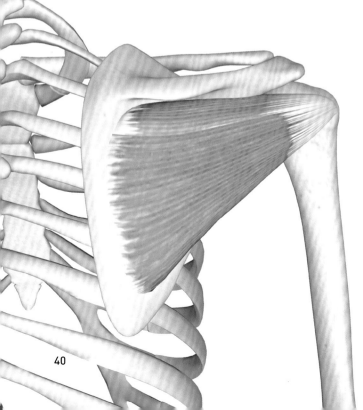

棘下肌 infraspinatus

終點為肱骨的肌肉（肩胛骨→肱骨）

起始於肩胛骨，結束於肱骨的肌肉。與棘上肌、小圓肌、肩胛下肌一起形成旋轉肌群。

<blockquote>
起點▶肩胛骨棘上窩、棘下筋膜內面
終點▶肱骨大結節中部
主要功用▶肩關節的外旋，上部為外展、下部為內收
支配神經▶肩胛上神經C5、C6
血管▶旋肩胛動脈、肩胛上動脈
</blockquote>

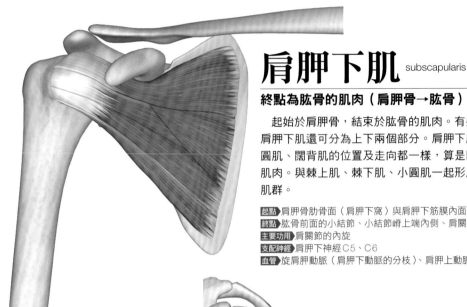

肩胛下肌 subscapularis

終點為肱骨的肌肉（肩胛骨→肱骨）

起始於肩胛骨，結束於肱骨的肌肉。有些人的肩胛下肌還可分為上下兩個部分。肩胛下肌、大圓肌、闊背肌的位置及走向都一樣，算是同類型肌肉。與棘上肌、棘下肌、小圓肌一起形成旋轉肌群。

起點 肩胛骨肋骨面（肩胛下窩）與肩胛下筋膜內面
終點 肱骨前面的小結節、小結節嵴上端內側、肩關節囊
主要功用 肩關節的內旋
支配神經 肩胛下神經C5、C6
血管 旋肩胛動脈（肩胛下動脈的分枝）、肩胛上動脈

小圓肌 teres minor

終點為肱骨的肌肉（肩胛骨→肱骨）

起始於肩胛骨，結束於肱骨的肌肉。原本小圓肌與大圓肌的位置相當靠近，會逐漸拉開距離，並從肱骨三角肌的長頭後方處往外側前進。有些人的小圓肌可能會與棘下肌完全合在一起。與棘上肌、棘下肌、肩胛下肌一起形成旋轉肌群。

起點 肩胛骨後面外緣的上半部
終點 肱骨大結節下部、大結節嵴上端
主要功用 肩關節的外旋
支配神經 腋神經C5、C6
血管 旋肩胛動脈（肩胛下動脈的分枝）

大圓肌 teres major

終點為肱骨的肌肉（肩胛骨→肱骨）

起始於肩胛骨，結束於肱骨的肌肉。原本大圓肌與小圓肌的位置相當靠近，但是會逐漸拉開距離，並從肱骨三角肌的長頭前方處往外側前進。

起點 肩胛骨下角部、棘下筋膜下部外面
終點 肱骨小結節嵴
主要功用 肩關節的內收、內旋、伸展
支配神經 肩胛下神經C5-C6（C7）
血管 旋肩胛動脈（與背肩胛動脈吻合）

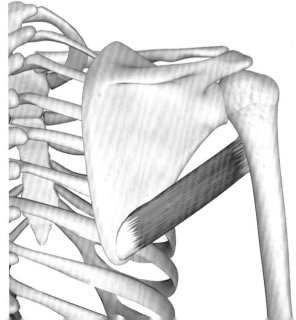

第1章 構成肩膀的骨骼

第2章 構成肩膀的肌肉

第3章 肩膀的運動

第4章 常見的肩膀問題與不適

第5章 肩膀的類型與確認法

第6章 各種肩膀類型的運動

第7章 肩功能改善運動

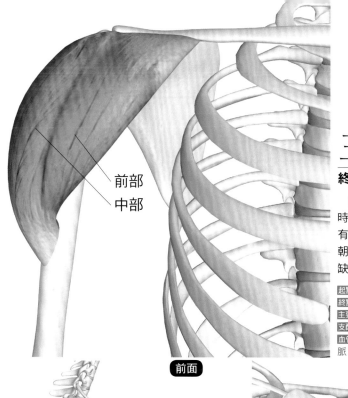

前部
中部

三角肌 deltoid

終點為肱骨的肌肉（肩胛骨、鎖骨→肱骨）

　　起始於肩胛骨與鎖骨，附著於肱骨的肌肉，同時也是大片覆蓋於肩胛骨的厚肌肉，讓肩膀帶有圓弧狀。三角肌由前、中、後3部構成，整體朝外下方延伸，是手臂外展時非常重要（不可或缺）的肌肉。

起點 肩胛棘、肩峰、鎖骨外側1/3處
終點 肱骨三角肌粗隆
主要功用 讓肩關節外展，前部只能屈曲、後部只能伸展
支配神經 腋神經C4（C5）-C6
血管 腋動脈（肩胛下動脈、胸肩峰動脈）、肱動脈（肱深動脈）等

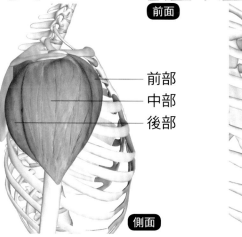

前部
中部
後部

側面

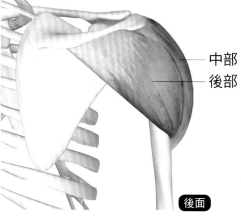

中部
後部

後面

前面

喙肱肌 coracobrachialis

終點為肱骨的肌肉（肩胛骨→肱骨）

　　和肱二頭肌短頭一樣，都是起始於肩胛骨，結束於肱骨的肌肉。起點位於肩胛骨的喙突，因此名為喙肱肌。

起點 喙突
終點 肱骨內側面中部（小結節嵴下方）
主要功用 肩關節的屈曲、內收
支配神經 肌皮神經（C5）、C6、C7
血管 肱動脈（後、前旋肱動脈）

肱二頭肌

biceps brachii

終點為前臂的肌肉（肩胛骨→橈骨）

　　起點為肩胛骨，通過肱骨，來到前臂的肌肉，就是所謂的「二頭肌」。同時也是彎起手臂時，會浮出「肌肉塊」的部位。

　　如肌肉名中的「二頭」所示，起始處會分成長頭與短頭。是橫跨肩關節與肘關節2個關節的雙關節肌，主要負責肘關節的屈曲與旋後運動。

肱二頭肌長頭

long head of biceps brachii

終點為肱骨的肌肉（肩胛骨→肱骨）

　　起點為肩胛骨的盂上結節，是肱二頭肌裡的長頭腱，會通過關節囊內、肱骨結節間溝，結束於橈骨粗隆。一部分的長頭則是結束於尺骨的肱筋膜（Brachial fascia）。

起點▶肩胛骨的盂上結節
終點▶橈骨粗隆、部分的結束點是從肱二頭肌腱膜到肱筋膜
主要功用▶肩關節的外展
支配神經▶腋神經C4（C5）、C6
血管▶肱動脈、腋動脈

肱二頭肌短頭

short head of biceps brachii

終點為前臂的肌肉（肩胛骨→橈骨）

　　與喙肱肌一樣，都是以肩胛骨喙突為起點，肱二頭肌短頭會和長頭緊貼，並結束於橈骨粗隆。

起點▶肩胛骨喙突
終點▶與肱二頭肌長頭一起結束於相同位置
主要功用▶肩關節的內收
支配神經▶腋神經C4（C5）、C6
血管▶肱動脈、腋動脈

肱三頭肌長頭

long head of triceps brachii

終點為前臂的肌肉（肩胛骨→尺骨）

　　起點為肩胛骨，通過肱骨，結束於前臂尺骨的肌肉。是橫跨肩關節與肘關節2個關節的雙關節肌，起始處可分為長頭、內側頭、外側頭3頭，其中只有長頭的起點是肩胛骨。

起點▶肩胛骨盂下結節
終點▶尺骨鷹嘴
主要功用▶肩關節的伸展、肘關節的伸展
支配神經▶橈骨神經（C6）、C7、C8
血管▶肱深動脈、尺側副動脈、後旋肱動脈

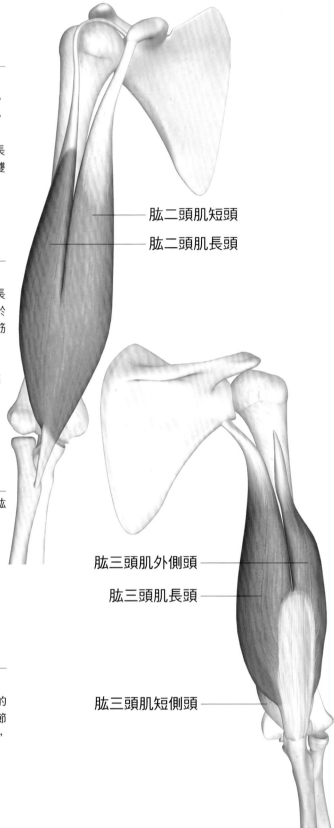

肱二頭肌短頭
肱二頭肌長頭

肱三頭肌外側頭
肱三頭肌長頭

肱三頭肌短側頭

第1章　構成肩膀的骨骼
第2章　構成肩膀的肌肉
第3章　肩膀的運動
第4章　常見的肩膀問題與不適
第5章　肩膀的類型與確認法
第6章　各種肩膀類型的運動
第7章　肩功能改善運動

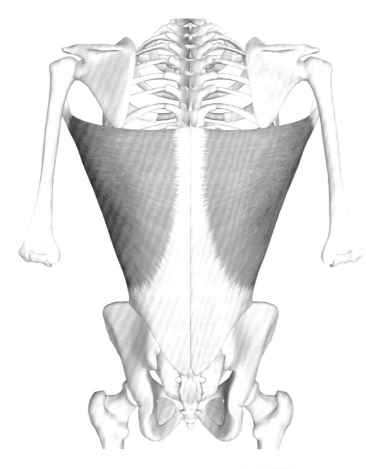

闊背肌 latissimus dorsi

終點為肱骨的肌肉（脊柱→肱骨）

　　位於背部的大片肌肉，負責手臂的動作。起點從骨盆（薦骨）到胸椎，範圍廣大，掠過肩胛骨後，結束於肱骨。換句話說，闊背肌是連接上肢與骨盆的肌肉。當手臂拉伸或肩胛骨下壓時會起作用。

起點 第6～8胸椎以下的棘突。腰背腱膜、髂嵴、第（9）10～12肋骨及肩胛骨下角
終點 肱骨小結節嵴
主要功用 讓上臂內收、往後內方拉伸
支配神經 胸背神經（C6）、C7、C8
血管 胸背動脈（肩胛下動脈）

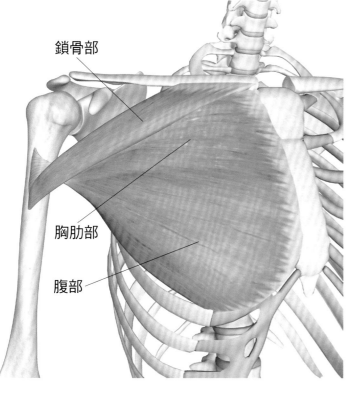

鎖骨部

胸肋部

腹部

胸大肌 pectoralis major

終點為肱骨的肌肉（胸廓→肱骨）

　　起始於胸廓，結束於肱骨的肌肉，也是位於胸前，形狀為扇形的大片肌肉。胸大肌從起始處開始可由上而下分為鎖骨部、胸肋部、腹部3部分。負責肩關節的屈曲、內收、內旋等動作。

起點 （鎖骨部）鎖骨內側1/2～2/3處，（胸肋部）胸骨前面與由上算起5～7塊肋軟骨，（腹部）腹直肌鞘表面
終點 肱骨大結節嵴
主要功用 內收並內旋上臂
支配神經 胸神經（C5）C6-T1
血管 胸肩峰動脈、上胸動脈、外胸動脈、前旋肱動脈等

其他：與肩膀運動及姿勢維持相關的肌肉

有些肌肉雖然沒有直接與肩帶相連，卻也關係著肩膀運動及姿勢的維持。
那就是長在脊柱周圍的椎前肌群、斜角肌群、固有背肌以及枕下肌群。
這些肌肉能夠支撐脖子，固定頭部位置，同時維持背部挺直，
確保肩胛骨與肩關節的可動性。

第1章 構成肩膀的骨骼

第2章 構成肩膀的肌肉

第3章 肩膀的運動

第4章 常見的肩膀問題與不適

第5章 肩膀的類型與確認法

第6章 各種肩膀類型的運動

第7章 肩功能改善運動

椎前肌群 prevertebral muscles

　　位於頸椎前面的肌肉，負責肩膀的運動與姿勢維持。

　　位處距離體表最深處的位置，分別為頸長肌、頭長肌、頭前直肌、頭側直肌4種肌肉。

　　透過這些肌肉對頸部骨骼的支撐，才能固定頭部的位置。

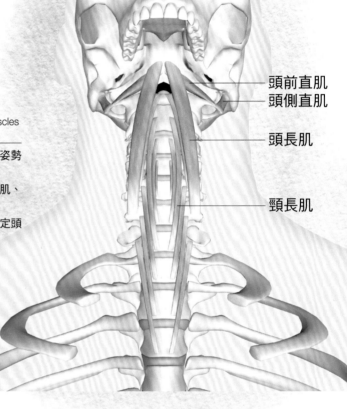

- 頭前直肌
- 頭側直肌
- 頭長肌
- 頸長肌

頸長肌 longus coli

　　頸部的肌肉。沿著頸椎位處於前方。可分為上斜部、垂直部、下斜部3部分，能讓脖子前屈。

起點 垂直部為第5頸椎～第3胸椎、上斜部為第（2）3～5（6）頸椎橫突、下斜部為第1～第3胸椎
終點 垂直部為第2～第4頸椎、上斜部為寰椎前結節、下斜部為第5～第7頸椎橫突
主要功用 兩邊同時作用時頸椎會向前彎，單邊作用時則會朝同側彎曲
支配神經 頸神經前枝C2-C6
血管 下甲狀腺動脈、咽升動脈、椎動脈肌枝

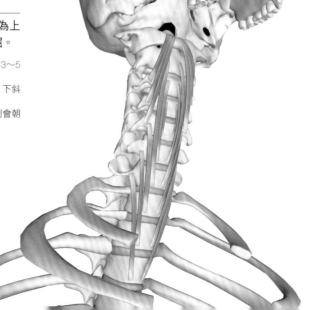

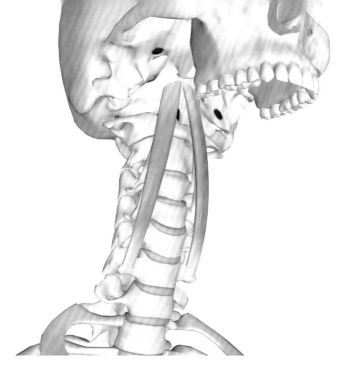

頭長肌 longus capitis

位於頸部，是連接起頸椎與枕骨正中央的長肌肉。負責讓頭部往前彎。

起點▶第3～6頸椎橫突的前結節
終點▶枕骨底部下面咽喉結節的前方
主要功用▶兩邊同時作用時頭會往前彎，單邊作用時則會朝同側彎曲
支配神經▶頸神經前枝C1-（C4）C5
血管▶下甲狀腺動脈、咽升動脈、椎動脈肌枝

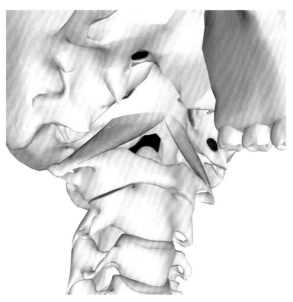

頭前直肌
rectus capitis anterior

位於頸部，是連接起寰椎與枕骨的短肌肉，被頭長肌覆蓋住。

起點▶頸椎外側塊前部、橫突
終點▶枕骨大孔前方
主要功用▶兩邊同時作用時頭會往前彎，單邊作用時則會朝同側彎曲
支配神經▶頸神經前枝C1、（C2）
血管▶下甲狀腺動脈、咽升動脈、椎動脈

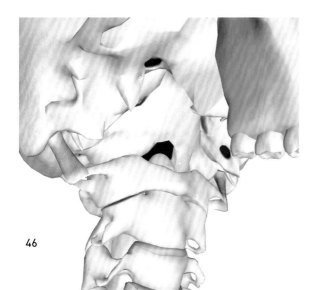

頭側直肌
rectus capitis lateralis

頸部肌肉，連接起樞椎與枕骨的短小肌肉。兩邊同時作用時就能拉起頭部，朝外側彎曲。

起點▶頸椎橫突前部
終點▶枕骨頸動脈突起的下面、枕髁外側
主要功用▶讓頭部朝同側彎曲
支配神經▶頸神經前枝C1、（C2）
血管▶椎動脈肌枝

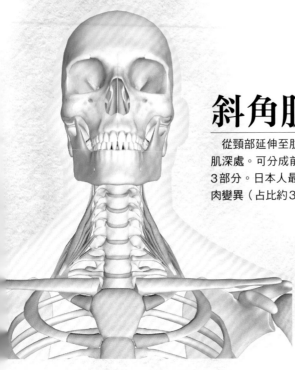

斜角肌群 scalene muscles

　　從頸部延伸至肋骨的細長肌肉，位於胸鎖乳突肌深處。可分成前斜角肌、中斜角肌、後斜角肌3部分。日本人最常出現名為「小斜角肌」的肌肉變異（占比約37％）。

前斜角肌 scalenus anterior

　　頸部肌肉，從頸椎橫突延伸至肋骨。負責將第1肋骨往上提。

起點 第3～（6）7頸椎橫突的前結節
終點 第1肋骨的前斜角肌結節（Lisfranc氏結節）
主要功用 將肋骨上提，展開胸廓（吸氣）
支配神經 頸神經前枝（C4）C5-C6（C7）
血管 甲狀頸幹動脈（下甲狀腺動脈、升頸動脈、橫頸動脈、肩胛上動脈）

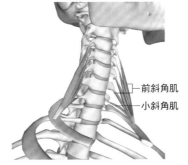

前斜角肌
小斜角肌

小斜角肌
scalenus minimus

起點 第6（7）頸椎橫突
終點 第1肋骨外側面、胸膜頂
主要功用 使胸膜頂緊繃
支配神經 頸神經前枝C8
血管 同前斜角肌

中斜角肌
scalenus medius

　　頸部肌肉，從頸椎的橫突沿著前斜角肌往肋骨延伸。負責將第1肋骨往上提。

起點 第2～7頸椎橫突的後結節
終點 第1肋骨的鎖骨下動脈溝後方（有時為第2、3肋骨）
主要功用 將肋骨上提，展開胸廓（吸氣）
支配神經 頸神經前枝C2（C3）-C8
血管 甲狀頸幹動脈（下甲狀腺動脈、升頸動脈、橫頸動脈、肩胛上動脈）

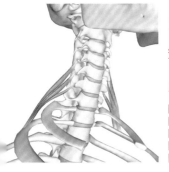

後斜角肌
scalenus posterior

　　頸部肌肉，從頸椎的橫突延伸至肋骨。與前斜角肌、中斜角肌平行，位處最後方。負責將第2肋骨往上提。

起點 第（4）5～6頸椎橫突的後結節
終點 第2肋骨外側面
主要功用 將肋骨上提，展開胸廓（吸氣）
支配神經 頸神經前枝（C6）C7-C8
血管 甲狀頸幹動脈（下甲狀腺動脈、升頸動脈、橫頸動脈、肩胛上動脈）

第1章 構成肩膀的骨骼
第2章 構成肩膀的肌肉
第3章 肩膀的運動
第4章 常見的肩膀問題與不適
第5章 肩膀的類型與確認法
第6章 各種肩膀類型的運動
第7章 肩功能改善運動

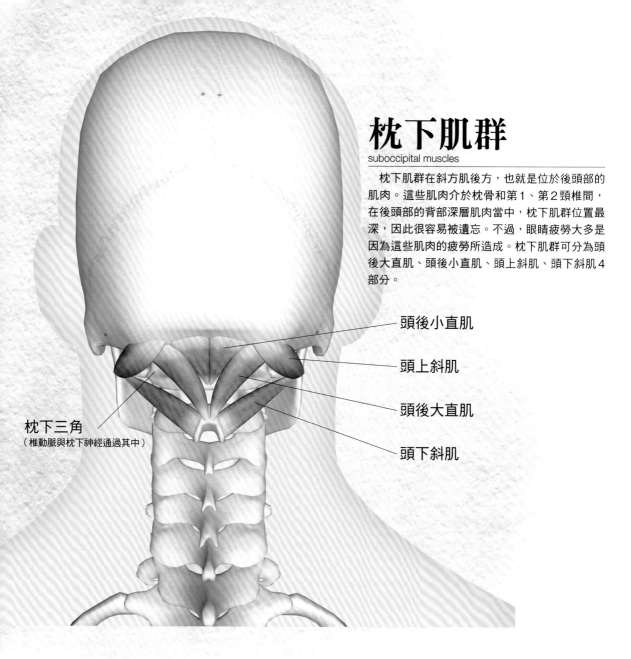

枕下肌群
suboccipital muscles

　　枕下肌群在斜方肌後方，也就是位於後頭部的肌肉。這些肌肉介於枕骨和第1、第2頸椎間，在後頭部的背部深層肌肉當中，枕下肌群位置最深，因此很容易被遺忘。不過，眼睛疲勞大多是因為這些肌肉的疲勞所造成。枕下肌群可分為頭後大直肌、頭後小直肌、頭上斜肌、頭下斜肌4部分。

頭後小直肌

頭上斜肌

頭後大直肌

頭下斜肌

枕下三角
（椎動脈與枕下神經通過其中）

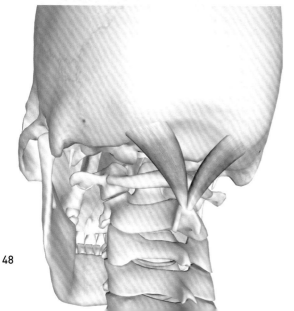

頭後大直肌
rectus capitis posterior major

　　背部肌肉，介於樞椎（C2）與枕骨間。負責頭部後屈、側屈、旋轉等動作。

起點▶樞椎棘突
終點▶枕骨下項線中央1/3處
主要功用▶主要負責把頭往後拉，讓頭部維持直立。單邊作用時會朝同側彎曲，且朝同側轉動
支配神經▶枕下神經內側分枝C1
血管▶枕動脈、椎動脈、深頸動脈分枝等

頭後小直肌
rectus capitis posterior minor

　　背部肌肉，介於寰椎與枕骨間。負責頭部後
屈、側屈、旋轉等動作。

起點▶寰椎後結節
終點▶枕骨下項線內側1/3處
主要功用▶主要負責把頭往後拉，讓頭部維持直立。單邊作用
時會朝同側彎曲
支配神經▶枕下神經內側分枝C1
血管▶枕動脈、椎動脈、深頸動脈分枝等

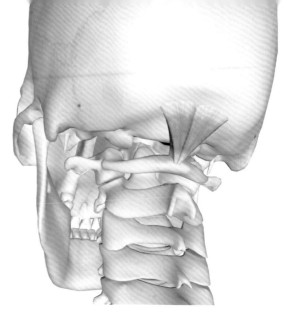

頭上斜肌
obliquus capitis superior

　　背部肌肉，介於樞椎與枕骨之間。負責頭部後
屈、側屈、旋轉等動作。

起點▶寰椎橫突前面
終點▶枕骨下項線外側的外上方
主要功用▶主要負責把頭往後拉，讓頭部維持直立。單邊作用
時會朝同側彎曲
支配神經▶枕下神經外側分枝C1
血管▶枕動脈、椎動脈、深頸動脈分枝等

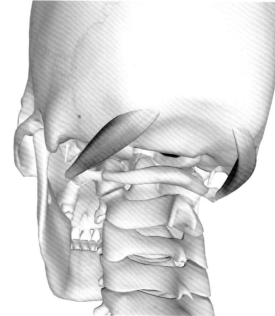

頭下斜肌
obliquus capitis inferior

　　背部肌肉，介於寰椎與樞椎之間。負責頭部後
屈、側屈、旋轉等動作。

起點▶樞椎棘突
終點▶寰椎棘突後部
主要功用▶主要負責把頭往後拉，讓頭部維持直立。單邊作用
時會朝同側彎曲，且朝同側轉動
支配神經▶頸神經後枝的內側分枝C1、C2
血管▶枕動脈、椎動脈、深頸動脈分枝等

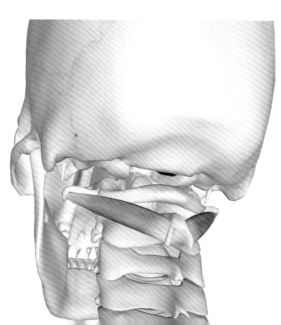

第1章 構成肩膀的骨骼

第2章 構成肩膀的肌肉

第3章 肩膀的運動

第4章 常見的肩膀問題與不適

第5章 肩膀的類型與確認法

第6章 各種肩膀類型的運動

第7章 肩功能改善運動

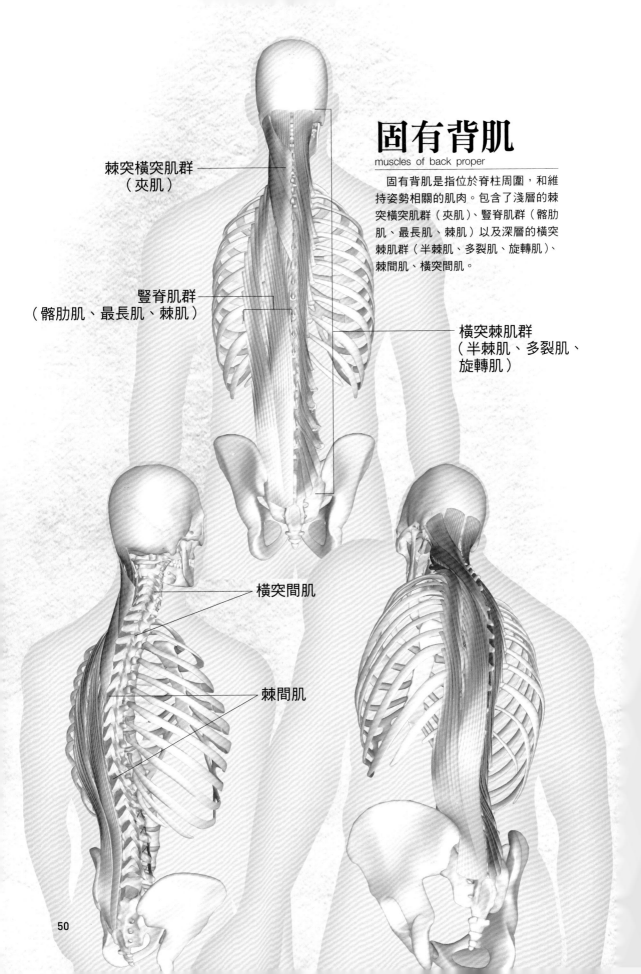

固有背肌
muscles of back proper

固有背肌是指位於脊柱周圍，和維持姿勢相關的肌肉。包含了淺層的棘突橫突肌群（夾肌）、豎脊肌群（髂肋肌、最長肌、棘肌）以及深層的橫突棘肌群（半棘肌、多裂肌、旋轉肌）、棘間肌、橫突間肌。

棘突橫突肌群
（夾肌）

豎脊肌群
（髂肋肌、最長肌、棘肌）

橫突棘肌群
（半棘肌、多裂肌、
旋轉肌）

橫突間肌

棘間肌

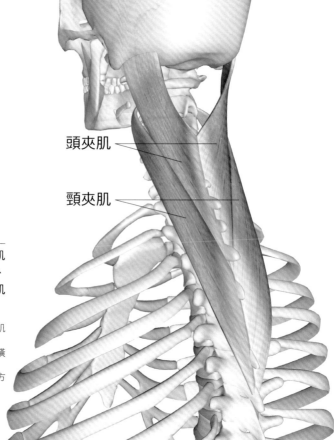

頭夾肌

頸夾肌

（頭、頸）夾肌

splenius

　位於頸部後方的深處，可分成頭夾肌與頸夾肌
兩部分。起點為頸椎和胸椎棘突，附著於顳骨、
枕骨與頸椎上。這也是與緊張型頭痛有關聯的肌
肉之一。

起點 頭夾肌為項韌帶、第3頸椎～第3胸椎棘突；頸夾肌
為第3～6胸椎棘突
終點 頭夾肌為乳突與上項線外側；頸夾肌為第1～3頸椎橫
突後結節
主要功用 單邊作用時，頭、頸會朝同側旋轉，並傾向同一方
向。兩邊同時作用時，頭、頸會朝後反折
支配神經 脊髓神經後枝的外側分枝C1-C5
血管 枕動脈下行枝的肌枝、橫頸動脈淺枝

（腰、胸、頸）髂肋肌

iliocostalis

　豎脊肌群中，位於最外側的肌肉。髂肋肌又可
細分為腰髂肋肌、胸髂肋肌、頸髂肋肌3種肌肉。

起點 髂嵴和薦骨後面、第12～3（4）肋骨的肋角上緣
終點 第12～1肋骨肋角及第7～4（3）頸椎橫突後結節
主要功用 兩邊同時作用時，脊柱會反折，並將肋骨下拉。
單邊作用時，身體會朝同側彎曲
支配神經 脊髓神經後枝的外側分枝C8-L1
血管 肋間動脈、肋下動脈與腰動脈後枝

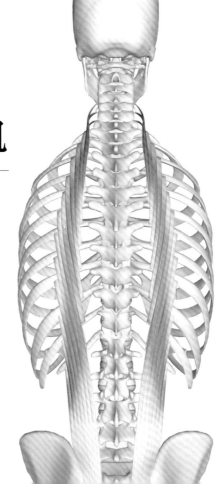

第1章 構成肩膀的骨骼

第2章 構成肩膀的肌肉

第3章 肩膀的運動

第4章 常見的肩膀問題與不適

第5章 肩膀的類型與確認法

第6章 各種肩膀類型的運動

第7章 肩功能改善運動

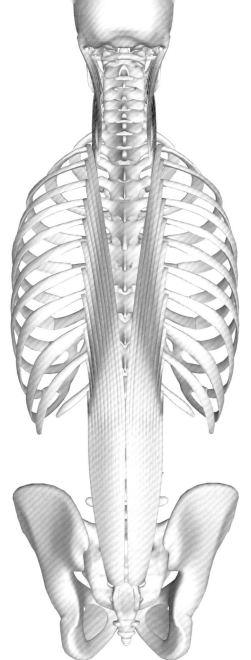

（胸、頸、頭）最長肌

longissimus

　豎脊肌群中位於中間的肌肉。最長肌又可細分為胸最長肌、頸最長肌、頭最長肌3種肌肉。

起點▶胸最長肌為髂嵴、薦骨和腰椎棘突；頸最長肌、頭最長肌為胸椎橫突或頸椎關節突（第6胸椎～第5頸椎）
終點▶胸最長肌為全腰椎的肋突和第3～5以下的肋骨、全腰椎的副突、全胸椎的橫突；頸最長肌為第2～6頸椎橫突的後結節；頭最長肌為顳骨乳突
主要功用▶兩邊同時作用時，脊柱會反折，並將肋骨下拉。單邊作用時，身體會朝同側彎曲
支配神經▶脊髓神經後枝的外側分枝C1-L5
血管▶外薦動脈、肋間動脈、肋下動脈、腰動脈、枕動脈、椎動脈、深頸動脈分枝等

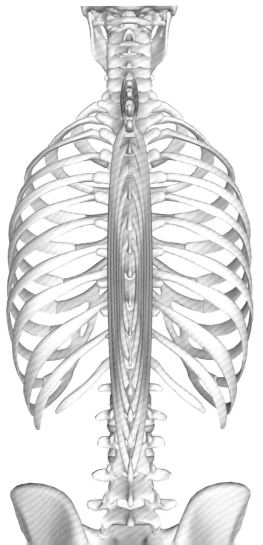

棘肌 spinalis

　在豎脊肌群中，位於最內側的肌肉。棘肌又可分成頭棘肌（spinalis capitis）、胸棘肌（spinalis thoracis）、頸棘肌（spinalis cervicis）3部分，不過頸棘肌與頭棘肌原本就是不同種類的肌肉。

起點▶第2腰椎～12、11胸椎棘突
終點▶第8、9～第3、2、1胸椎棘突
主要功用▶兩邊同時作用時，身體會反折。單邊作用時，身體會朝同側彎曲
支配神經▶脊髓神經後枝的內側分枝C2-T10
血管▶肋間動脈、肋頸動脈幹的深頸分枝

（頭、頸、胸）
半棘肌

semispinalis

　　橫突棘肌群中，位於最上方的肌肉。半棘肌又可
細分成頸半棘肌、頭半棘肌、胸半棘肌3種肌肉。

起點 頭半棘肌為第8胸椎～第3頸椎橫突；頸、胸半棘肌為第
12～1（2）胸椎橫突
終點 頭半棘肌為枕骨上、下項線之間；頸、胸半棘肌為第4胸
椎～第2頸椎棘突
主要功用 兩邊同時作用時，頭部與脊柱會反折。單邊作用時，
脊柱會朝同側彎曲
支配神經 脊髓神經後枝的內側分枝（外側分枝）C1-T7
血管 肋間後動脈肌枝、枕動脈下行枝、肋頸動脈幹的深頸分枝

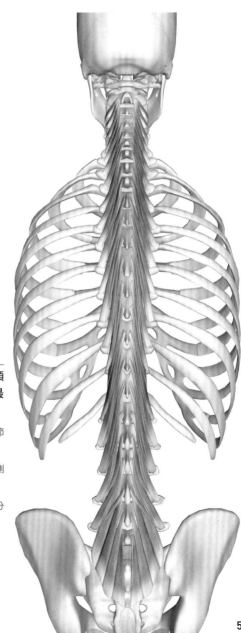

多裂肌  multifidus

　　位於脊柱深層的肌肉。可分成腰部、胸部、頸
部3個部分的多裂肌。其中又以腰部的多裂肌最
為發達。

起點 薦骨後面、腰椎乳突、胸椎橫突和以下4個頸椎關節
突
終點 比起點上面1個的棘突（腰部～頸部）
主要功用 脊柱伸展（兩側）、側向的同側屈曲（單側）、對側
旋轉（單側）輔助。骨盆伸展與單側移動
支配神經 脊髓神經後枝C3-S3
血管 肋間後動脈與腰動脈內側分枝。肋頸動脈幹的深頸分
枝等

第1章　構成肩膀的骨骼

第2章　構成肩膀的肌肉

第3章　肩膀的運動

第4章　常見的肩膀問題與不適

第5章　肩膀的類型與確認法

第6章　各種肩膀類型的運動

第7章　肩功能改善運動

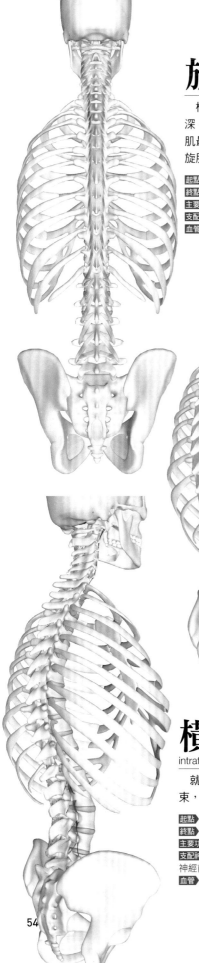

旋轉肌 rotator

　　橫突棘肌群中，位於最深層的肌肉，位置比多裂肌更深。可分為腰、胸、頸3個部分，其中又以胸部的旋轉肌最為發達。這些肌肉又可依附著方式細分成較長的長旋肌和較短的短旋肌。負責輔助脊柱的旋轉動作。

起點 腰椎乳突、胸椎橫突、頸椎關節突
終點 正上方～間隔1塊的上位椎骨棘突
主要功用 輔助脊柱旋轉
支配神經 頸、胸、腰神經後枝C3-S3
血管 肋間後動脈與腰動脈內側分枝。肋頸動脈幹的深頸分枝等

棘間肌 intraspinales

　　能讓脊柱背屈，不過胸椎部的棘間肌並沒有非常發達。是連接起相鄰棘突的短肌肉。

起點 棘突
終點 到第2頸椎為止，會終止於上位的棘突
主要功用 輔助脊柱背屈
支配神經 脊髓神經後枝
血管 肋間動脈背枝、腰動脈肌枝、肋頸動脈幹的深頸分枝

橫突間肌 intratransversarii

　　就胚胎學而言，橫突間肌集結了固有背肌的肌束，以及軀幹腹外側肌肉的肌束。

起點 全椎骨的橫突或肋突
終點 到第2頸椎為止，會終止於上位的橫突或肋突
主要功用 輔助脊柱側屈
支配神經 固有背肌為脊髓神經後枝，軀幹腹外側肌肉為脊髓神經前枝
血管 肋間動脈背枝、腰動脈肌枝和肋頸動脈幹的深頸分枝

其他：支撐前頸部的肌肉

有些肌肉並未附著於骨骼，而是只有透過韌帶與肩胛骨相連。
那就是從頸部延伸至胸廓的舌骨下肌群。

第1章　構成肩膀的骨骼

第2章　構成肩膀的肌肉

第3章　肩膀的運動

第4章　常見的肩膀問題與不適

第5章　肩膀的類型與確認法

第6章　各種肩膀類型的運動

第7章　肩功能改善運動

舌骨下肌群
infrahyoid muscles

此肌群亦被認為是從魚鰓演化而來，與肩胛骨
相連。舌骨下肌群包含了胸骨舌骨肌、肩胛舌骨
肌、胸骨甲狀肌、甲狀舌骨肌。這些肌肉並未附
著於骨骼上，僅靠韌帶騰空相連，並在做開口閉
口或嚥下（吞嚥）動作時發揮作用。

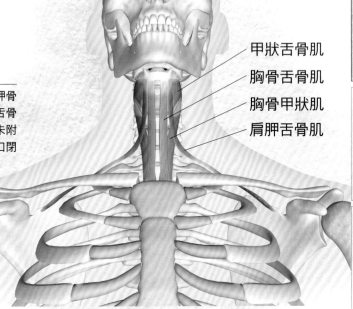

甲狀舌骨肌
胸骨舌骨肌
胸骨甲狀肌
肩胛舌骨肌

胸骨舌骨肌
sternohyoid

頸部的肌肉，也是從舌骨體下緣縱向延伸至頸
部正中央處的肌肉。負責將舌骨往下拉。

起點▶胸骨柄、胸鎖關節囊、鎖骨內側的後面（第1肋軟骨）
終點▶舌骨體內側的下緣
主要功用▶將舌骨下拉
支配神經▶頸襻上根C1、C2
血管▶頸升動脈分枝

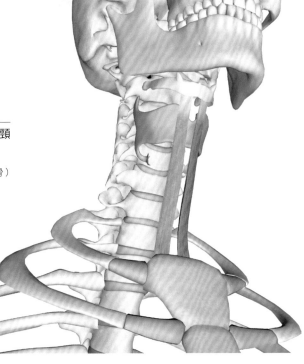

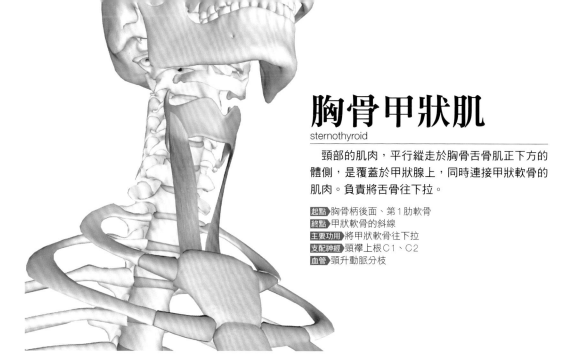

胸骨甲狀肌

sternothyroid

　頸部的肌肉，平行縱走於胸骨舌骨肌正下方的體側，是覆蓋於甲狀腺上，同時連接甲狀軟骨的肌肉。負責將舌骨往下拉。

起點 胸骨柄後面、第1肋軟骨
終點 甲狀軟骨的斜線
主要功用 將甲狀軟骨往下拉
支配神經 頸襻上根C1、C2
血管 頸升動脈分枝

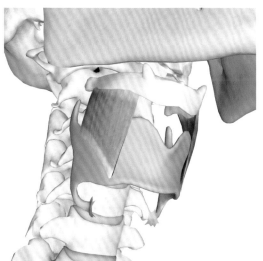

甲狀舌骨肌

thyreohyoid

　頸部的肌肉，平行縱走於胸骨舌骨肌外側，是連接舌骨的肌肉。負責將舌骨往下拉。

起點 甲狀軟骨的斜線
終點 舌骨體與大角後面
主要功用 將舌骨往下拉
支配神經 伴行舌下神經的頸神經C1
血管 頸升動脈分枝

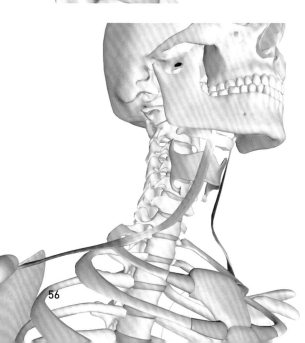

肩胛舌骨肌

omohyoid

已說明（請參照P.37）

其他：支撐胸廓的肌肉

這裡會從負責支撐胸廓，與肋骨運動相關的肌肉中，列舉說明後上鋸肌與後下鋸肌。
肋骨運動的流暢度，將對肩胛骨是否能順暢活動帶來極大的影響。

第1章　構成肩膀的骨骼

第2章　構成肩膀的肌肉

第3章　肩膀的運動

第4章　常見的肩膀問題與不適

第5章　肩膀的類型與確認法

第6章　各種肩膀類型的運動

第7章　肩功能改善運動

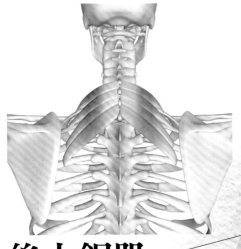

後上鋸肌
serratus posterior superior

　　位於菱形肌深處的薄層肌肉。起點為頸椎及胸
椎棘突，朝外側下方延伸，並附著於肋骨上。負
責將肋骨往上提。如果肩膀僵硬的程度深及後上
鋸肌，那麼將較難治癒。

起點 第4(5)頸椎至第1(2)胸椎的棘突和項韌帶
終點 第2～5肋骨的肋角與其外側
主要功用 上提第2～5肋骨（輔助吸氣）
支配神經 肋間神經（C8）、T1-4
血管 肋間動脈分枝

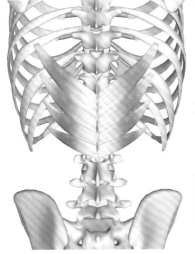

後下鋸肌
serratus posterior inferior

　　位於闊背肌深處的薄肌肉。起點為胸椎和腰椎
淺層，朝外側上方延伸，並附著於肋骨上。負責
將肋骨往內下方拉。

起點 第11胸椎～第2腰椎棘突
終點 第9～（11）12肋骨外側的下緣
主要功用 將第9～12肋骨往下拉（輔助吐氣）
支配神經 肋間神經T9-T11(T12)
血管 肋間動脈分枝

57

筋膜 fascia 與 muscle fascia 之分

一般而言，「筋膜」給人的既有概念就是束住肌肉的包覆物。

fascia 在拉丁文是指「帶子」，也就是英文的 band、belt，不過當中並未包含「肌肉」的意思。帶子可以很細，也可以很粗，有各式各樣的尺寸，因此在這樣的意涵下，fascia 也包含了膜「membrane」（大片的薄狀物）的概念。

fascia 的功能在於束住器官與組織，供應血管或神經通道，並保護內部。由於大多數被包覆的對象都是「肌肉」，所以不知從何時開始，日本就開始把 fascia 冠上和名（日本官方的解剖學用語）「筋」來使用。

也因為如此，而開始出現一些複雜的情況。舉例來說，包覆內臟，但與肌肉毫無關係的 fascia 中，有個名為 renal fascia 的用詞，和名叫作「腎筋膜」，是指腎臟最外側的包覆膜，所以並不是骨骼肌肉。經常有人會問，腎臟的包覆膜明明就不是肌肉，為什麼會被取名為「筋膜」呢？因為，fascia 包覆的對象物原本就不侷限於肌肉。沒有發問的學生中，或許有人還會誤以為「腎筋膜」可能就像皮膚裡頭有豎毛肌一樣，存在著自己並不知道的平滑肌呢。

基於上述理由，facia 就成了非常複雜，容易讓人誤會的麻煩名稱。

與 fascia 相關的用語中，還有幾個和名與英文名稱會讓人嚴重混淆的措辭。在日本，大多數的翻譯書籍會將 facia 直譯，不過日本和英美對於像是「淺筋膜」一字的概念就完全不同，所以在閱讀翻譯書籍時務必留意。

以下彙整的一覽表供各位參考。

英語	英文直譯	別名	位置	和名
Superficial fascia	淺筋膜	Subcutaneous fascia	皮下組織	無 fascia 的概念
Deep fascia	深筋膜	Muscle fascia	肌群、肌肉	淺筋膜（包覆肌群） 深筋膜（包覆 1 條肌肉）
Visceral fascia	臟側筋膜	例：Renal fascia	腎臟	腎筋膜
Vascular fascia	血管筋膜	Carotid sheath	頸部	頸動脈鞘
Fusion fascia	癒合筋膜	例：Coli fusion fascia	結腸	結腸癒合筋膜

在組織學上，包覆整個骨骼肌的筋膜會是被稱為「肌外膜（epimysium）」的締結組織。肌外膜進入內部後會分開，變成將肌肉分束成多個肌束的「肌束膜（perimysium）」。另外，肌束膜有結締組織纖維，一條條肌纖維的周圍還有薄薄一層名為「肌內膜（endomysium）」的締結組織。肌內膜負責結合相鄰的肌纖維，形成毛細血管與神經的通道。

參考文獻
佐藤達夫：臟側筋膜の局所解剖　日臨外医会誌 56(11)：2253-2272, 1995
Stecco C. Hammer WI, eds.: Functional atlas of the human fascial system, 2014 (Churchill Livingstone)
日本解剖学用語委員会：日本解剖学用語、2007（医学書院）
Federative International Committee on Anatomical Terminology ed.: Terminologia Anatomica（国際解剖学用語）, 1998
Schleip, R. ed.: Fascia in Movement and Sport, 2015 (Handspring Publishing)

第 **3** 章

肩膀的運動

既然了解了肩膀的構造，
接著就要來探討肩膀的運動。
只要能掌握肩膀的複合運動，
就能預防運動或日常生活中，
會發生的各種肩膀傷害或障礙。

肩膀的兩種功能

肩膀包含2種功能，分別是讓手臂朝多個方向運動，以及支撐住手臂。

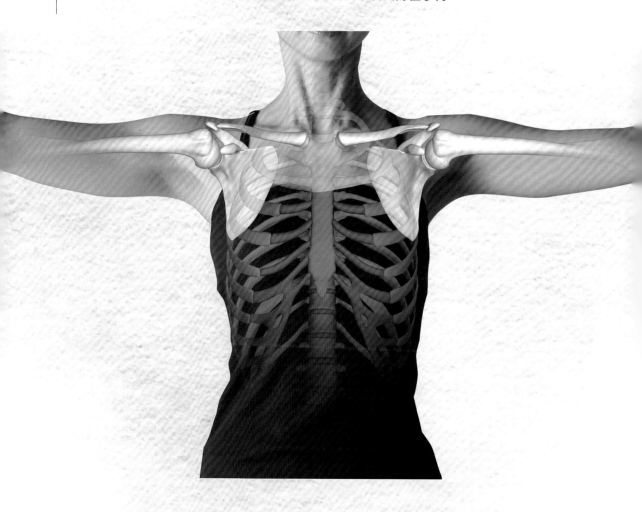

可動與固定

肩膀有3個解剖性關節與2個功能性關節。另外還有1個雖然不稱為「關節」，但具備和關節一樣的功能，可歸類為關節的部位。在這6個關節的連動下，形成了肩膀的運動。

肩關節是身體中可動性最高的部分。人類以雙足步行後，便開始用手做許多事情。因為能自由地使用手部和手臂，所以負責支撐的關節可動性也隨之提升。另外，肩膀也扮演著固定功能，負責支撐住手臂，讓手臂能夠自由運動。同時擁有可動與固定2種功能的部位就是肩膀。

骨盆帶與肩帶的差異

　　肩膀和骨盆一樣都是名稱中有個「帶」的位置。兩者的「帶」都有著支撐四肢的功能。肩帶負責支撐手臂運動，骨盆帶負責支撐腳的運動。

　　接著來對比看看肩膀與骨盆。

　　骨盆的恥骨聯合，位置就相當於肩膀左右的胸鎖關節；至於薦髂關節的位置，則相當於肩胛骨和脊柱的連接處。不過，肩胛骨與脊柱並沒有如同薦髂關節般

的關節，肩胛骨既沒有連著脊柱，也沒有和肋骨相連接。身體中，骨骼彼此間沒有關節相連的，就只有肩胛骨和舌骨兩處。

　　肩膀負責構成手臂的可動範圍，所以整個肩胛骨必須能夠自由地運動。一旦關節運動受限，就會出現肌肉動、關節不動的情況。一般認為，關節為了確保充足的可動性，才會逐漸演化成與骨骼獨立的構造。

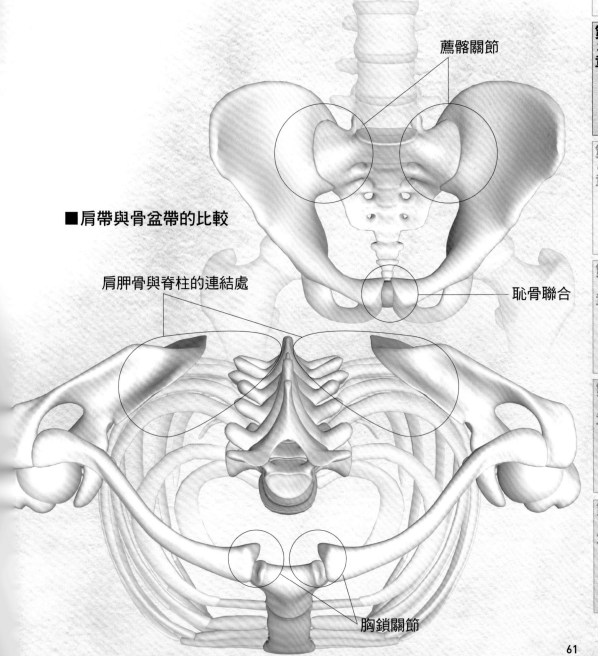

■ 肩帶與骨盆帶的比較

薦髂關節

肩胛骨與脊柱的連結處

恥骨聯合

胸鎖關節

第1章　構成肩膀的骨骼

第2章　構成肩膀的肌肉

第3章　肩膀的運動

第4章　常見的肩膀問題與不適

第5章　肩膀的類型與確認法

第6章　各種肩膀類型的運動

第7章　肩功能改善運動

肩膀的可動性

肩膀的可動性非常大，
這要歸功於關節的構造。

■關節囊下的凹垂

為什麼人體的手臂能自由運動

手臂能朝各個方向自由運動，與手臂相連的肩膀同樣能活動自如。能夠自由運動的關節，換個角度來看就等同於「不穩定的關節」，也正因為不穩定，才能形成可動性。

肩膀會屬於這類型的關節，其實有幾個因素。

首先，是因為肩膀與軀幹僅一處相連。軀幹的骨骼與肩膀的骨骼是透過「胸鎖關節」相連。除此之外，肩膀就沒有其他骨骼與軀幹連接，胸鎖關節會呈現騰空於支點上的狀態。

另外，手臂能夠自由運動也和負責承接肱骨頭的「關節盂」大小有關。和圓形骨頭對接的「關節盂」如果又圓又深，那麼關節面就會整個密合且非常穩固，不過正因為關節盂既淺又小，才能讓骨骼大幅度運動。

關節裡沒有韌帶也是其中一個因素。韌帶就像條繩子，會捆繞著關節。因為少了這條韌帶的限制，讓關節能在肌肉的幫助下自由運動。

關節囊下的凹垂

關節囊下方有個凹垂空間，也就是關節的「預留間隙」，讓手臂能在這個間隙範圍內自由運動。不過這也成了關節穩定性不足的原因。

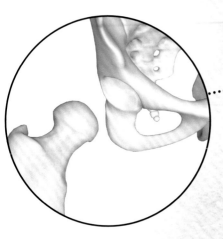

■髖關節的關節盂（髖骨）
　和骨頭（股骨）

第1章 構成肩膀的骨骼

第2章 構成肩膀的肌肉

第3章 肩膀的運動

第4章 常見的肩膀問題與不適

第5章 肩膀的類型與確認法

第6章 各種肩膀類型的運動

第7章 肩功能改善運動

關節盂

大部分的股骨都埋在關節盂
裡頭，所以就算可動，範圍
也受限。

■肩關節的關節盂（肩胛骨）
　與骨頭（肱骨）

肱骨頭　　　關節盂

不同於下肢的「可動性」

髖關節與骨盆間雖然也能自由運動，不過肩關節可活動的範圍更大，動作模式也更複雜。髖關節負責支撐體重，但肩膀並沒有這樣的作用。人類開始二足步行後，手臂就不再需要支撐體重，使得人類專朝使用雙手的方向演化，這也關係到肩膀大範圍的可動性。

肩關節是由大球體（肱骨頭）與淺槽（關節盂）相合而成，所以能朝多個方向運動。

肩關節屬多軸關節，能做出3個活動面的運動（屈曲、伸展；內收、外展；內旋、外旋）。髖關節雖然和肩膀同為多軸關節，不過髖關節的關節盂又深又紮實，所以可動性不及肩膀。

肩關節的關節盂較淺，
可動性大，卻也容易脫
臼。人體最常脫臼的部
位就是肩關節。

63

關節面的運動

　　舉起手臂時，肱骨頭會在關節盂上出現3種動作，分別是「傾倒」、「滑行」、「旋轉」。因為關節能像這樣自在的活動，手臂才有辦法往各個方向運動。

　　有時關節會出現無法順暢運動的情況。原因有很多，一旦關節停止運動，手臂也會無法自由運動。

　　骨頭在關節盂上同時做出傾倒、滑行、旋轉的動作，讓手臂能自由運動。無法順利做出這些動作時，就會形成肩膀傷害。

（圖是竹內根據「カルテンボーン」加以修改）

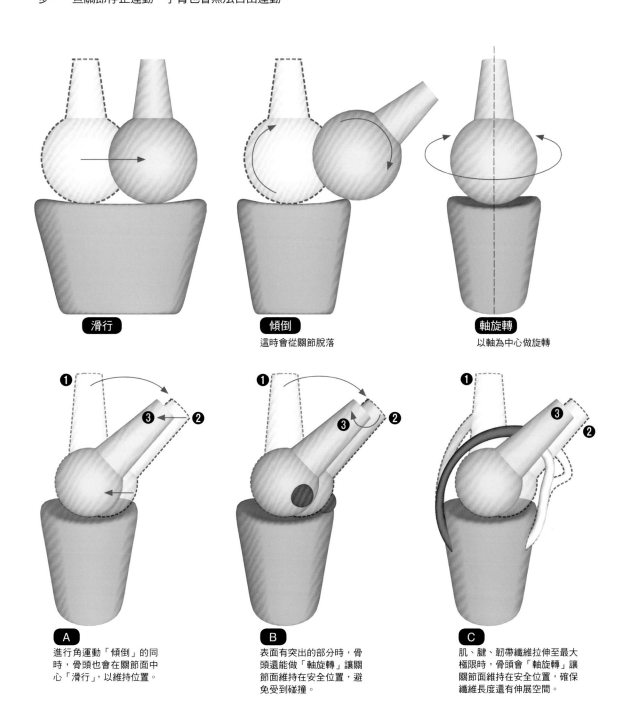

滑行

傾倒
這時會從關節脫落

軸旋轉
以軸為中心做旋轉

A
進行角運動「傾倒」的同時，骨頭也會在關節面中心「滑行」，以維持位置。

B
表面有突出的部分時，骨頭還能做「軸旋轉」讓關節面維持在安全位置，避免受到碰撞。

C
肌、腱、韌帶纖維拉伸至最大極限時，骨頭會「軸旋轉」讓關節面維持在安全位置，確保纖維長度還有伸展空間。

關節的一般構造

關節的連結（廣義的關節），又可以細分為①纖維性連結、②軟骨性連結，以及③滑膜性連結。以功能面來說，①、②是負責固定的關節，③則是負責運動的關節。接下來介紹的靜態穩定結構，當中出現的韌帶和盂唇就屬於①的纖維性連接。另外，書中也會舉骨盆的恥骨聯合和脊柱的椎間盤為例，作為②軟骨性連結的範例。至於③的滑膜性關節（狹義的關節），則是指被裝有滑液的關節囊包覆的關節，也就是我們平常所說的「關節」。

第1章 構成肩膀的骨骼

第2章 構成肩膀的肌肉

第3章 肩膀的運動

第4章 常見的肩膀問題與不適

第5章 肩膀的類型與確認法

第6章 各種肩膀類型的運動

第7章 肩功能改善運動

■右盂肱關節前面

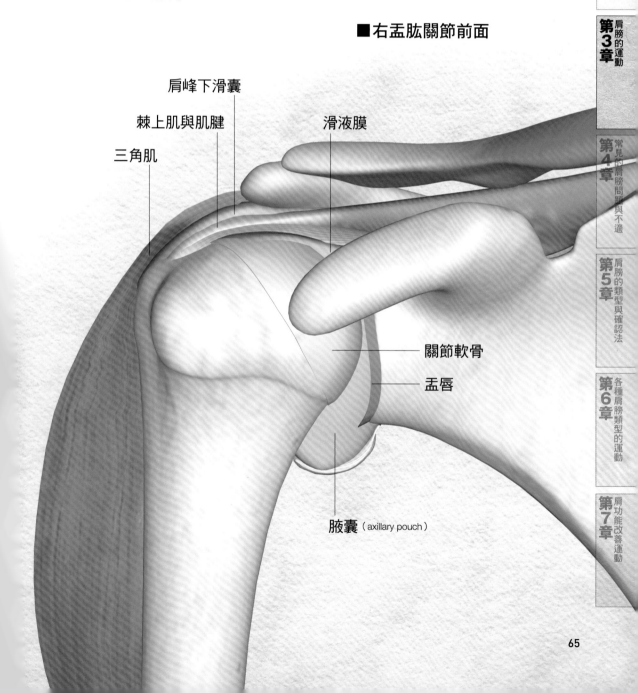

肩峰下滑囊

棘上肌與肌腱

三角肌

滑液膜

關節軟骨

盂唇

腋囊（axillary pouch）

肩膀的「固定」作用

接下來要探討穩定肩關節的「結構」與「功能」。
負責穩定的結構稱為「靜態穩定結構」，負責功能的則是「動態穩定結構」。

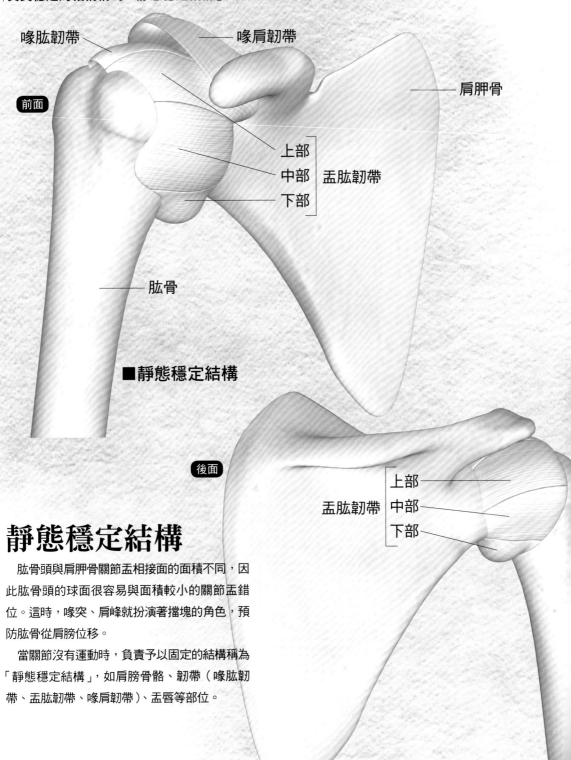

喙肱韌帶

喙肩韌帶

前面

肩胛骨

上部
中部 　盂肱韌帶
下部

肱骨

■靜態穩定結構

後面

上部
盂肱韌帶 　中部
下部

靜態穩定結構

　　肱骨頭與肩胛骨關節盂相接面的面積不同，因
此肱骨頭的球面很容易與面積較小的關節盂錯
位。這時，喙突、肩峰就扮演著擋塊的角色，預
防肱骨從肩膀位移。

　　當關節沒有運動時，負責予以固定的結構稱為
「靜態穩定結構」，如肩胛骨骼、韌帶（喙肱韌
帶、盂肱韌帶、喙肩韌帶）、盂唇等部位。

盂唇的功能

盂唇是圍繞在關節盂周圍的纖維軟骨結構物。位於關節盂邊緣，能像堤岸一樣，加深原本很淺的關節盂凹槽。

盂唇不只強化了與骨頭的密合度，更是提升關節的穩定性。少了盂唇的話，據說關節的穩定性會下降20％左右。

膝蓋的半月板（半月軟骨）能加深脛骨的關節面，雖然肩胛骨的盂唇也有類似功能，不過吸收衝擊的能力卻不如膝蓋的半月板。

即便有盂唇的存在，一旦遭受往側邊位移的巨大力量，肱骨頭仍會超過盂唇，導致脫臼。脫臼包含了向前脫臼、向後脫臼、向下脫臼，其中又以向前脫臼占最大宗。盂唇屬於纖維軟骨，因此無法抵擋巨大力量。若盂唇連最中間的部分也是由堅硬的骨頭組成，當然就能增加肩關節的穩定性，但相對地也會失去可動性，有損手和手臂的自由度。

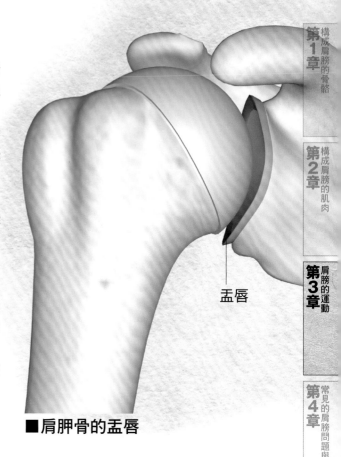

盂唇

■肩胛骨的盂唇

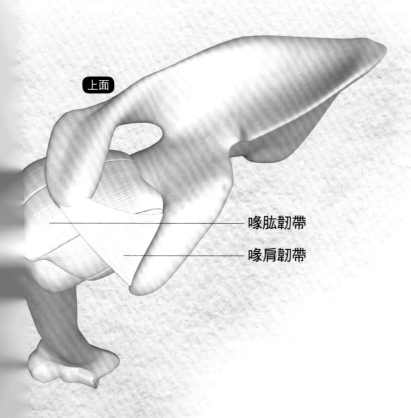

上面

喙肱韌帶

喙肩韌帶

第1章　構成肩膀的骨骼

第2章　構成肩膀的肌肉

第3章　肩膀的運動

第4章　常見的肩膀問題與不適

第5章　肩膀的類型與確認法

第6章　各種肩膀類型的運動

第7章　肩功能改善運動

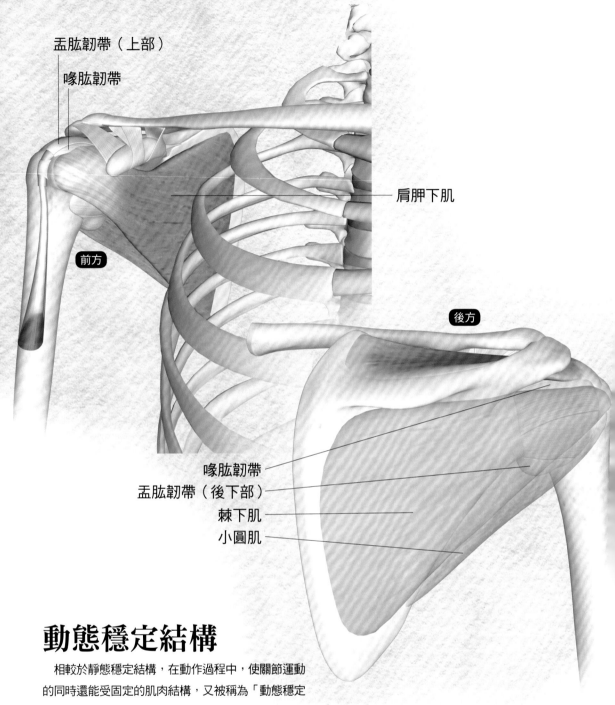

盂肱韌帶（上部）

喙肱韌帶

肩胛下肌

前方

後方

喙肱韌帶

盂肱韌帶（後下部）

棘下肌

小圓肌

動態穩定結構

　　相較於靜態穩定結構，在動作過程中，使關節運動的同時還能受固定的肌肉結構，又被稱為「動態穩定結構」。

　　做動作時主動肌會作用，使關節面朝遠離的方向運動。持續遠離的話，關節就會位移，所以主動肌除外的肌肉會負責固定，避免關節面分離。這就是動態穩定結構。

　　舉例來說，用手取物的動作過程中，三角肌與闊背肌會決定手臂的位置，肩膀旋轉肌群之一則會發揮主動肌的作用。這時，構成旋轉肌群的其他旋轉肌會抵抗主動肌的拉伸，達到穩定關節的效果。

　　穩定結構還和最低需求量的肌肉相關，當牽涉到的肌肉量愈多，就愈容易減損肩膀的自由度。

　　盂唇及韌帶等靜態穩定結構也能給予肩關節補強。但很可惜的是，肩膀結構較難承受下拉的力量。如果是往正下方拉扯，那麼骨頭還能稍微扣住盂唇，不至於位移。但如果是往斜外側下拉，因為沒有任何能卡

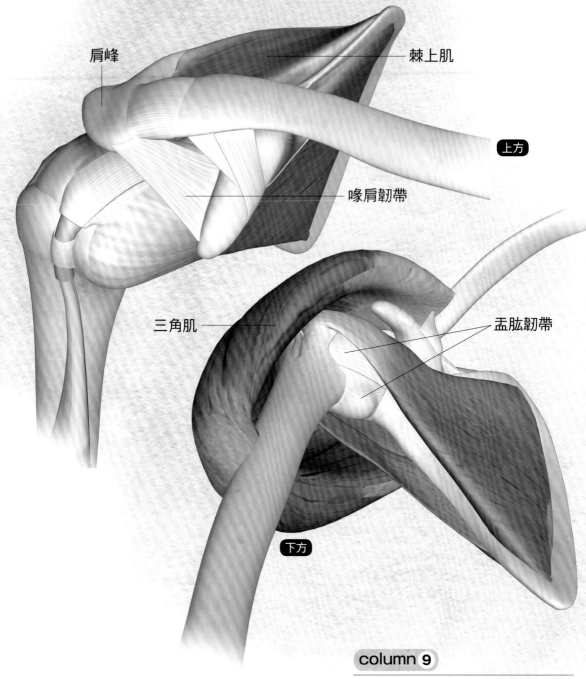

肩峰

棘上肌

上方

喙肩韌帶

三角肌

盂肱韌帶

下方

第1章　構成肩膀的骨骼

第2章　構成肩膀的肌肉

第3章　肩膀的運動

第4章　常見的肩膀問題與不適

第5章　肩膀的類型與確認法

第6章　各種肩膀類型的運動

第7章　肩功能改善運動

住的結構，很容易就會位移。

　　另外，關節有滑液，此滑液的黏著性能避免骨頭承受拉力時輕易被位移。不過，一旦承受巨大力量，單只有滑液的黏著性仍無法完全抵抗，仍會造成位移。

　　換句話說，光靠靜態穩定結構並無法完全穩定肩膀，動態穩定結構其實也扮演著重要的角色。

column 9

為什麼小孩的肩膀容易位移？

　　有些人在小時候應該有過肩膀位移的經驗，那是因為靜態穩定結構與動態穩定結構皆尚未發展完全的緣故。

　　小孩的肩膀關節結構發展仍未完全，再加上肌力不足，所以無法承受拉伸力量，導致肩膀位移。

69

肩帶：鎖骨的運動

構成肩帶的鎖骨，會以胸鎖關節為軸心運動。

鎖骨以胸鎖關節為軸心運動

鎖骨上提時，肩膀也會上提。鎖骨不動時，肩膀也不會動。這也代表著鎖骨會影響肩膀的位置與運動。

鎖骨會以胸鎖關節為軸心，做前後、上下、旋轉的3個面的運動。前後運動的角度分別是往前20°與往後15°，並無太大差異。不過上下運動的角度分別是往上40°、往下10°，往上運動的幅度較大。另外，鎖骨本身也能做軸向旋轉。

負責讓鎖骨運動的主動肌為斜方肌與胸大肌，其他與肩胛骨相連的肌肉則扮演輔助的角色。

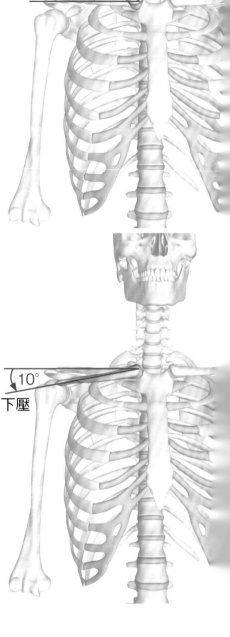

上提
40°

10°
下壓

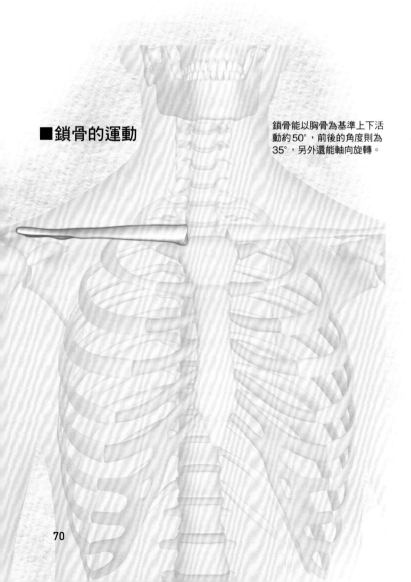

■鎖骨的運動

鎖骨能以胸骨為基準上下活動約50°，前後的角度則為35°，另外還能軸向旋轉。

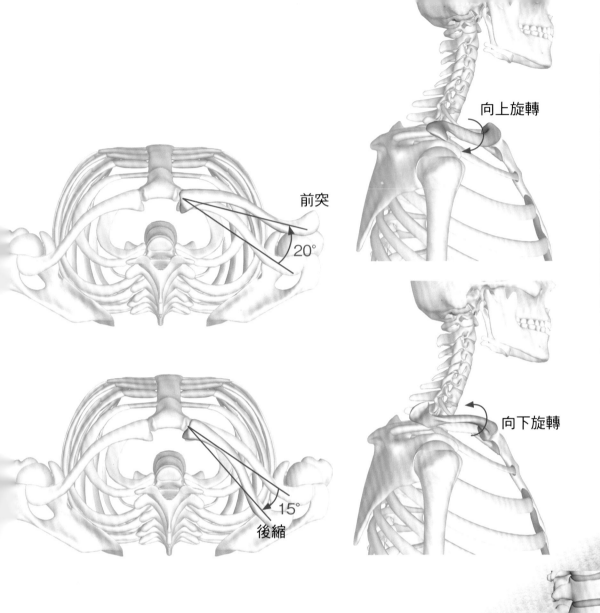

向上旋轉

前突

20°

向下旋轉

15°

後縮

第1章 構成肩膀的骨骼

第2章 構成肩膀的肌肉

第3章 肩膀的運動

第4章 常見的肩膀問題與不適

第5章 肩膀的類型與確認法

第6章 各種肩膀類型的運動

第7章 肩功能改善運動

■鎖骨下肌

隱藏的鎖骨擋塊

　　附著於鎖骨的鎖骨下肌是塊小肌肉，很難直接觸摸到。不過它在肩鎖關節與胸鎖關節運動時，可是扮演著非常重要的角色。鎖骨下肌能控制這些關節，避免關節運動超出可動範圍，形成不必要的運動。少了鎖骨下肌，鎖骨就會脫臼並往上分離。因此鎖骨下肌在肩部運動裡，就像是個隱藏的擋塊。

肩帶：肩胛骨的運動

構成肩帶的肩胛骨會在胸壁上方滑動。
肩胛骨的運動包含了上下方向、橫向以及旋轉。

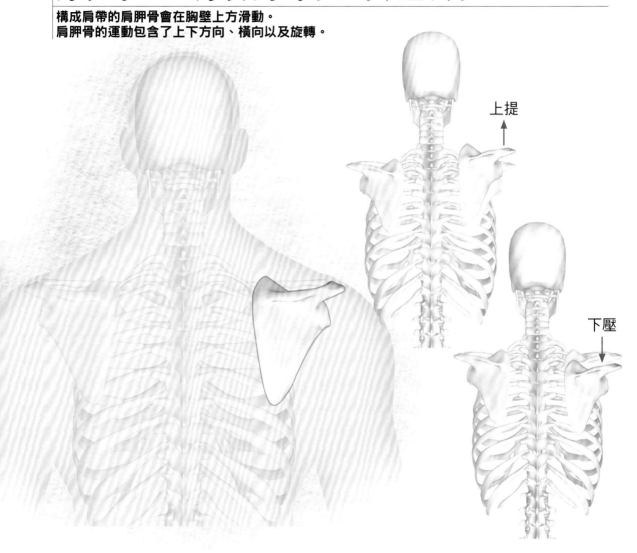

上提

下壓

1 上提與下壓——肩胛骨的上下運動

「上提」是將雙肩聳起，或是肩峰往上舉的運動。
上提會用到的肌肉包含深層的提肩胛肌和表層的斜方
肌上部，兩者都會朝脊椎側往上拉提。

肌肉往脊椎側上提時，並不會完全朝內靠攏，這是
因為鎖骨也會運動使肩峰提高，讓肩胛骨水平上升的
關係。

「下壓」則是指從上提位置回到原本放鬆位置的運
動，以及從放鬆位置刻意往下施力也稱作下壓。

下壓的動作，會運用到斜方肌、闊背肌、胸大肌、
胸小肌等多條肌肉。其中，斜方肌下部會直接把肩胛
骨往下拉；闊背肌與胸大肌的下部則會連動，一同將
肱骨下壓，降低肩膀的位置高度，同時也把肩胛骨往
下拉。

另外，胸小肌也會對肩胛骨的上下運動給予輔助。
胸小肌與喙突相連，所以會和斜方肌下部連動，使肩
膀位置下移，將肩胛骨下壓。

2 外展與內收——
肩胛骨的橫向運動

「外展」是指朝體側運動。也是雙手交叉抱胸或抱住大樹時，將手臂水平交叉於前方的運動。

外展會用到前鋸肌。另外，肩膀向前時，胸小肌等肌肉也會給予輔助性的幫助。

「內收」是指朝脊柱側運動。會出現於伏地挺身的「趴姿」，或是手臂向後交叉挺胸時。

內收會用到斜方肌，並以斜方肌中部為中心帶動整片肌肉，菱形肌則會給予輔助。菱形肌本身雖然是朝上內收，但與斜方肌連動的關係，會改成朝水平方向內收。

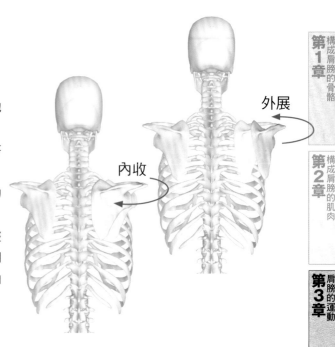

外展

內收

第1章 構成肩膀的骨骼

第2章 構成肩膀的肌肉

第3章 肩膀的運動

第4章 常見的肩膀問題與不適

第5章 肩膀的類型與確認法

第6章 各種肩膀類型的運動

第7章 肩功能改善運動

3 外旋與內旋——
下角的旋轉

刻意活動前鋸肌下方2/3處的話，肩胛骨下角就會向外旋轉（外旋）。同時也是上舉手臂時的運動。

內旋肩胛骨下角的肌肉為提肩胛肌和菱形肌。這些肌肉雖然無法讓下角朝內側橫向運動，卻能將其往內側上方拉提。嚴格來說，提肩胛肌會朝上內側拉，菱形肌則是朝內上方拉。

當朝外運動的肌肉緊繃情況趨緩和時，肩胛骨就會回到原本的位置。另外，放下高舉的手臂時，肩膀也會下收，使肩胛骨下角往內下方旋轉。而肩胛骨下角的旋轉範圍大約是60°。

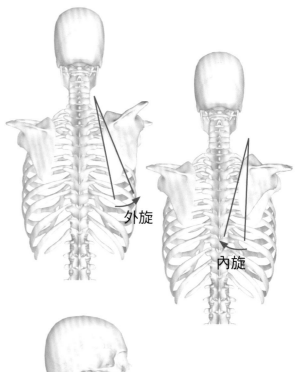

外旋

內旋

4 前傾與後傾

肩胛骨的主要運動由上提／下壓、外展／內收、外旋／內旋3個組合構成，不過肩胛骨也能往前或往後傾倒，分別稱為前傾與後傾。前傾主要會用到胸小肌和前鋸肌的上部纖維，後傾則會用到前鋸肌與斜方肌的下部纖維。

前傾

後傾

鎖骨＋肩胛骨＋肱骨的複合運動

前面已經介紹了鎖骨的獨立運動與肩胛骨的獨立運動，
不過實際上要將兩者結合肱骨運動，才能形成肩膀的運動。

1 肩帶的屈曲與伸展

從正上方俯瞰時，以連起兩側肩峰的直線為基準
（0°），接著以頭頂為基點，當肩膀朝直線軸的前方
運動就叫屈曲，朝後運動則是伸展。不要蜷起背部
（固定住脊柱）並讓鎖骨前後運動的話，屈曲時會用
到胸大肌、胸小肌、前鋸肌。伸展時則會用到斜方
肌、菱形肌、闊背肌等。

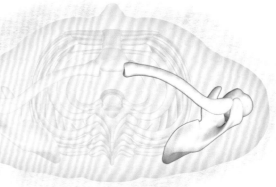

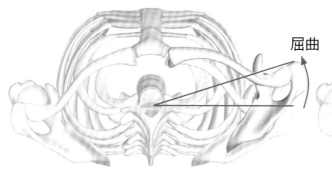

屈曲

伸展

2 肩帶的上提與下壓（下拉）

以連起兩側肩峰的直線（水平線）為基準，將肩峰
往上舉就叫上提，回到原本位置則是下壓。上提會用
到斜方肌、提肩胛肌、菱形肌上部。下壓（下拉）則
會同時用到闊背肌、前鋸肌下部與胸大肌下部。

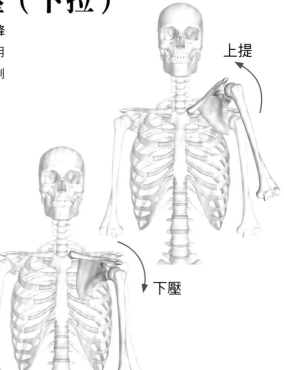

上提

下壓

3 肩關節的屈曲（向前上提）、伸展（向後上提）

以垂直線為基準軸，手臂伸至基準軸前方叫屈曲，回到原本位置則是伸展，再往後運動就稱為過度伸展。過度伸展是肩關節運動再加上肩胛骨的運動。

伸展會用到闊背肌、肱三頭肌。屈曲則會用到胸大肌、三角肌前部與喙肱肌。

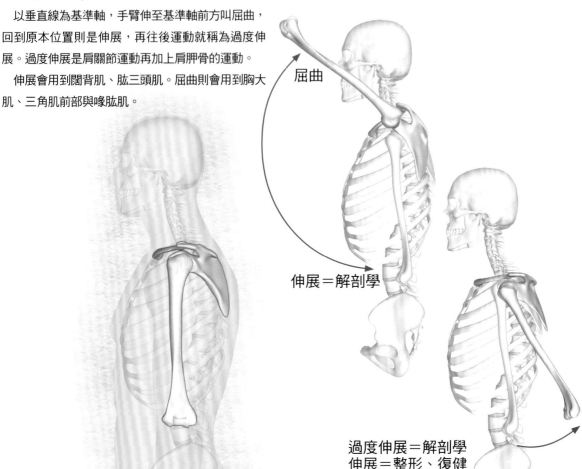

屈曲

伸展＝解剖學

過度伸展＝解剖學
伸展＝整形、復健

column 10

使用運動用語要留意

本書提到的關節可動範圍（角度）是以整形外科、復健科的關節可動範圍檢查法為基準，但當中有些定義卻和解剖學不太一樣。

兩者雖然都是以解剖體位（anatomical position；解剖學體位）為基準，但定義方式卻有些出入。舉例來說，做肩關節的屈曲、伸展時，肱骨往前舉的「屈曲」運動雖然相通，不過解剖學卻會把肱骨從「屈曲」回到原本解剖體位的運動稱為「伸展」，當動作超越解剖體位，往更後方伸展時，則是「過度伸展」。不過實務上檢查關節的可動範圍時，從解剖體位往後上方舉的運動稱「伸展」。這也代表著解剖學所提到的「過度伸展」，在關節可動範圍檢查裡卻是指「伸展」。

另外，關節可動範圍檢查的「內收」檢查又分成2種，一般所說的內收和解剖學的定義相同。但是，包含肩胛骨運動的內收卻會是肩關節稍微呈屈曲狀態後，再開始內收，這時上肢會超過軀幹，形成往內側內收的運動。聽起來是不是很複雜。

第1章 構成肩膀的骨骼

第2章 構成肩膀的肌肉

第3章 肩膀的運動

第4章 常見的肩膀問題與不適

第5章 肩膀的類型與確認法

第6章 各種肩膀類型的運動

第7章 肩功能改善運動

4 肩關節的外展（側邊上提）與內收

以通過肩峰與地面垂直的垂直線為基準，將手臂從側邊往上舉起稱作外展（側邊上提），回到原本位置則為內收。當外展超過90°時，讓前臂的手掌向上翻（旋後）才算是上提。如果手掌維持朝下狀態（旋前），骨頭會相互抵觸，頂多只能上舉至90°。

外展未超過60°的話會用到三角肌和棘上肌，這時棘下肌上部也會輔助棘上肌。60°～150°會用到斜方肌上、中部與前鋸肌下部。150°～180°則會用到闊背肌和胸大肌下部。

針對與骨骼的關聯性，0°～90°只會用到肱骨，90°～150°的時候肩胛骨會往外上方外旋，150°～180°時，脊柱也會跟著側彎。

內收時會用到胸大肌下部、大圓肌、闊背肌。

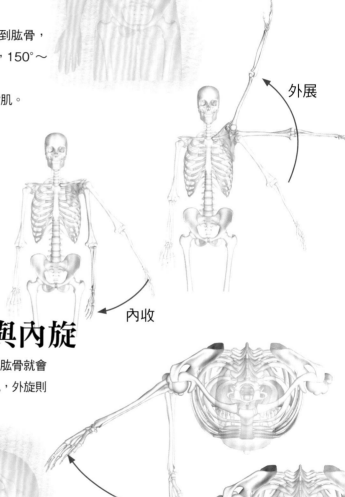

外展

內收

5 肩關節的外旋與內旋

手肘彎成90°固定，並做水平運動的話，肱骨就會內旋與外旋。內旋會用到大圓肌、肩胛下肌，外旋則是棘下肌、小圓肌。

外旋

內旋

6 肩關節的水平屈曲與水平伸展

　　將手臂舉至肩峰的高度（外展）後，再往身體前移動稱為水平屈曲。此動作結合了肩關節屈曲與內收的力量，往後移動則是水平伸展。

　　讓姿勢保持在水平狀態的起始位置需要用到三角肌、棘上肌、斜方肌、前鋸肌。從起始位置到140°範圍內的屈曲和內收屬於水平屈曲，會用到三角肌、肩胛下肌、胸大肌、胸小肌、前鋸肌。

　　水平伸展時，30～40°範圍的伸展與外展屬於複合運動，會用到棘上肌、棘下肌、三角肌、大圓肌、小圓肌、菱形肌、斜方肌、闊背肌。

■肩關節的水平屈曲與水平伸展

水平伸展

水平屈曲

第1章 構成肩膀的骨骼

第2章 構成肩膀的肌肉

第3章 肩膀的運動

第4章 常見的肩膀問題與不適

第5章 肩膀的類型與確認法

第6章 各種肩膀類型的運動

第7章 肩功能改善運動

7 肩關節的畫圓運動

　　畫圓運動為複合運動，結合了肩帶的「屈曲、伸展」、「上提、下壓」，以及肩關節的「屈曲、伸展」、「外展、內收」、「外旋、內旋」、「水平屈曲、水平伸展」，是朝身體遠處畫圓的運動。

　　肩關節的連續動作會形成一連串的屈曲、外展、伸展、內收、旋轉運動（或順序顛倒），這時肱骨也必須旋轉，否則無法做出畫圓運動。

功能性關節的運動

除了有骨骼與骨骼相接的解剖性關節外，
還有藉由骨骼與肌肉運動，讓骨骼得以活動的「功能性關節」。

什麼是功能性關節

　　肩帶總共有「肩胛胸廓關節」與「第二肩關節」（肱上關節）兩個功能性關節。此外，還有一個英文名為「coracoclavicular mechanism」，運動方式等同於關節的部位。

　　功能性關節並不是將骨骼相接的關節（解剖性關節），雖然這類關節並沒有骨骼與骨骼相接，卻也能藉由肌肉運動，與骨骼運動產生相關，所以被稱為功能性關節。功能性關節亦具備相當於關節盂和關節頭的構造。

肩胛胸廓關節

　　有個功能性關節介於背部面與肩胛骨前面（肋骨面）。肩胛骨能讓背部區域朝各個方向運動，因此背部肌肉與肩胛骨會於此處構成功能性關節。肩胛胸廓關節的運動其實就是指肩胛骨運動。

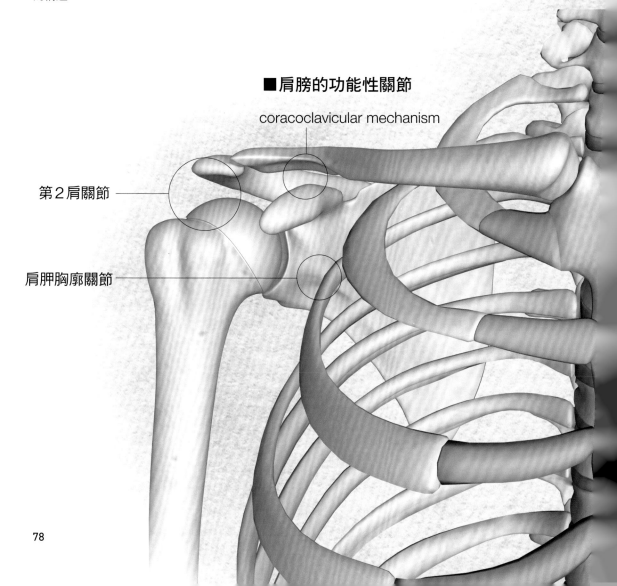

■肩膀的功能性關節

coracoclavicular mechanism

第2肩關節

肩胛胸廓關節

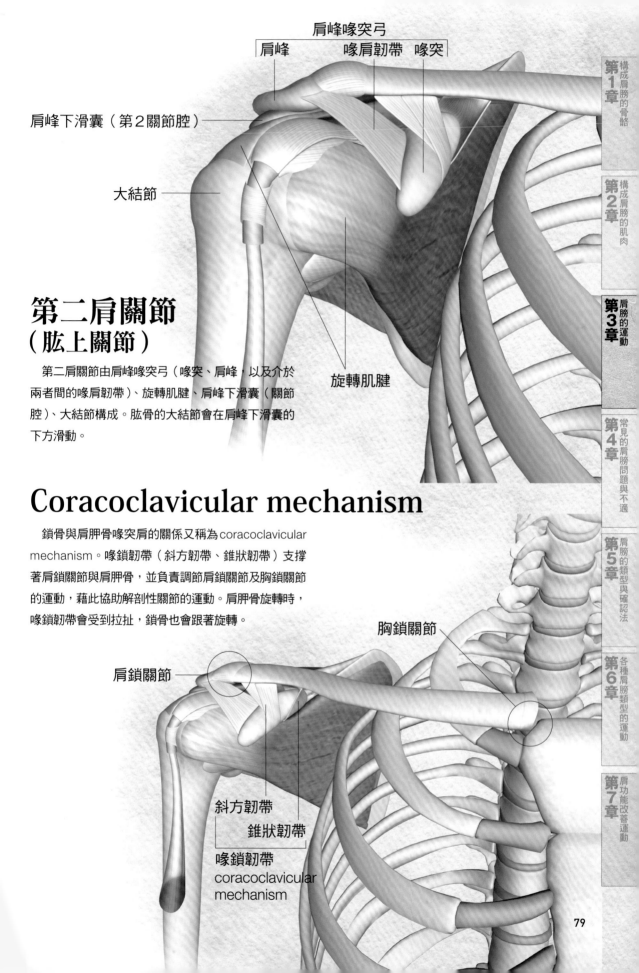

肩峰喙突弓

肩峰　　　喙肩韌帶　喙突

肩峰下滑囊（第2關節腔）

大結節

旋轉肌腱

第二肩關節
（肱上關節）

　　第二肩關節由肩峰喙突弓（喙突、肩峰，以及介於兩者間的喙肩韌帶）、旋轉肌腱、肩峰下滑囊（關節腔）、大結節構成。肱骨的大結節會在肩峰下滑囊的下方滑動。

Coracoclavicular mechanism

　　鎖骨與肩胛骨喙突肩的關係又稱為coracoclavicular mechanism。喙鎖韌帶（斜方韌帶、錐狀韌帶）支撐著肩鎖關節與肩胛骨，並負責調節肩鎖關節及胸鎖關節的運動，藉此協助解剖性關節的運動。肩胛骨旋轉時，喙鎖韌帶會受到拉扯，鎖骨也會跟著旋轉。

胸鎖關節

肩鎖關節

斜方韌帶

錐狀韌帶

喙鎖韌帶
coracoclavicular
mechanism

第1章　構成肩膀的骨骼

第2章　構成肩膀的肌肉

第3章　肩膀的運動

第4章　常見的肩膀問題與不適

第5章　肩膀的類型與確認法

第6章　各種肩膀類型的運動

第7章　肩功能改善運動

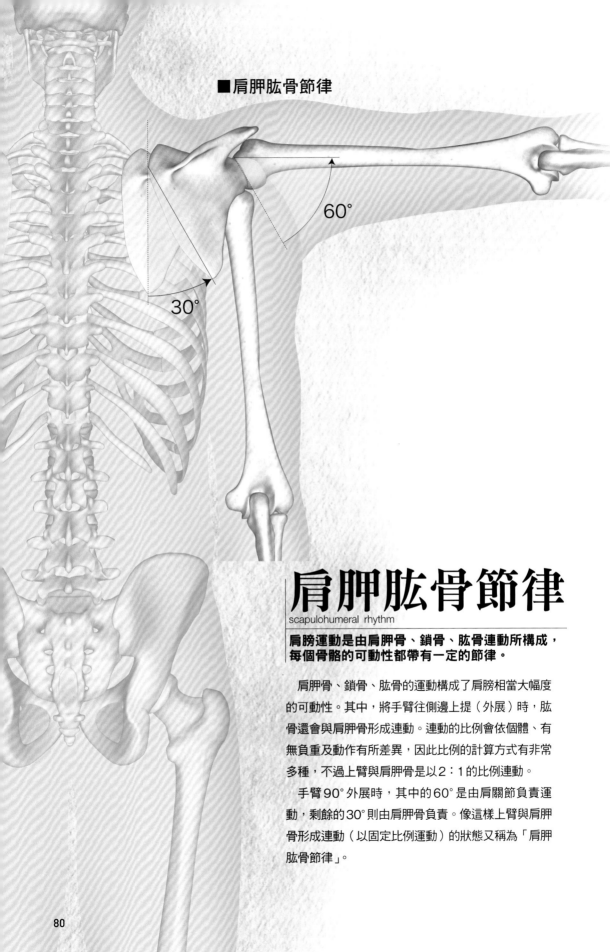

■肩胛肱骨節律

60°

30°

肩胛肱骨節律
scapulohumeral rhythm

**肩膀運動是由肩胛骨、鎖骨、肱骨連動所構成，
每個骨骼的可動性都帶有一定的節律。**

　　肩胛骨、鎖骨、肱骨的運動構成了肩膀相當大幅度
的可動性。其中，將手臂往側邊上提（外展）時，肱
骨還會與肩胛骨形成連動。連動的比例會依個體、有
無負重及動作有所差異，因此比例的計算方式有非常
多種，不過上臂與肩胛骨是以2：1的比例連動。

　　手臂90°外展時，其中的60°是由肩關節負責運
動，剩餘的30°則由肩胛骨負責。像這樣上臂與肩胛
骨形成連動（以固定比例運動）的狀態又稱為「肩胛
肱骨節律」。

第1章 構成肩膀的骨骼

第2章 構成肩膀的肌肉

第3章 肩膀的運動

第4章 常見的肩膀問題與不適

第5章 肩膀的類型與確認法

第6章 各種肩膀類型的運動

第7章 肩功能改善運動

■盂肱關節與肩胛胸廓關節會以2：1的比例連動

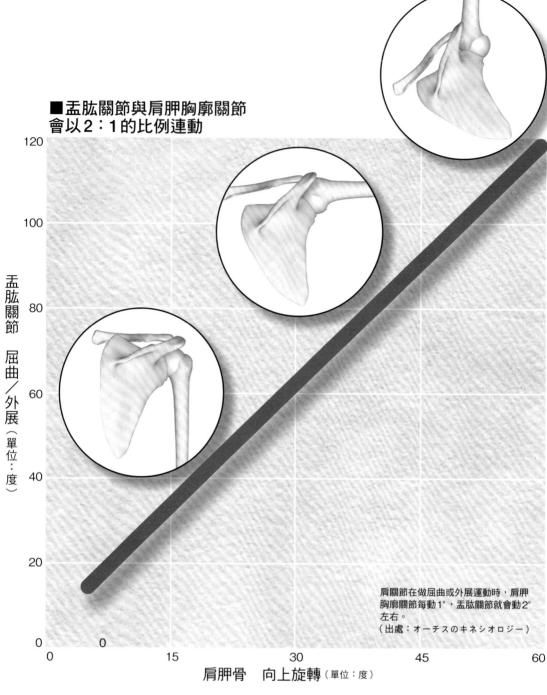

肩關節在做屈曲或外展運動時，肩胛胸廓關節每動1°，盂肱關節就會動2°左右。
（出處：オーチスのキネシオロジー）

盂肱關節　屈曲／外展（單位：度）

肩胛骨　向上旋轉（單位：度）

■手臂－軀幹自力上提時，肩胛骨面的肩胛胸廓運動與盂肱運動之平均比例

作者	比例
Freedman 與 Munro	1.58：1
Poppen 與 Walker	1.25：1
Bagg 與 Forrest	1.25：1～1.33：1
Graichen 等	1.5：1～2.4：1
McClure	1.7：1

（出處：オーチスのキネシオロジー）

起始位置

起始位置是指關節能處於最穩定狀態的姿勢位置。
也就是既安全，又強有力的姿勢位置。

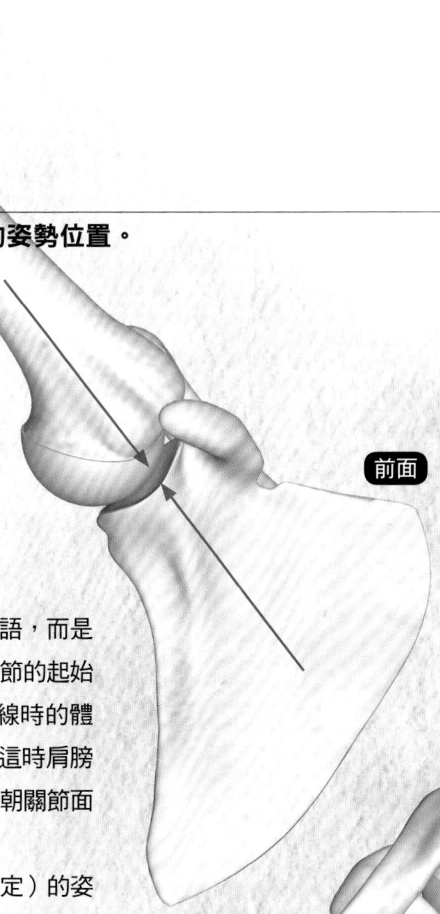

起始位置（zero position）並非解剖學用語，而是
運動指導或復健實務上會用到的字眼。肩關節的起始
位置，是指肱骨長軸與肩胛棘長軸呈一直線時的體
位，大約是肱骨上提150°左右時的位置。這時肩膀
周圍的所有肌肉皆處於收縮狀態，形成一股朝關節面
壓迫的力量。

起始位置更是最好發揮向心力（關節最穩定）的姿
勢，關節處於穩定狀態的同時，就能降低受傷風險。
但正因肌肉皆處於收縮狀態，所以會有切換至下個動
作難度增加的缺點。尤其是在做旋轉動作時，往往會
變得不甚順暢。

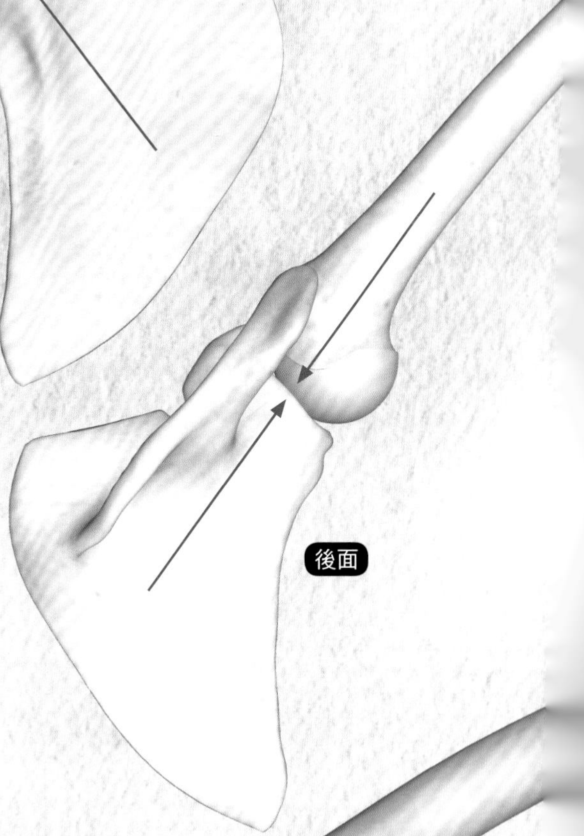

前面

後面

■起始位置

肱骨上提150°左右時的位置
就是起始位置。

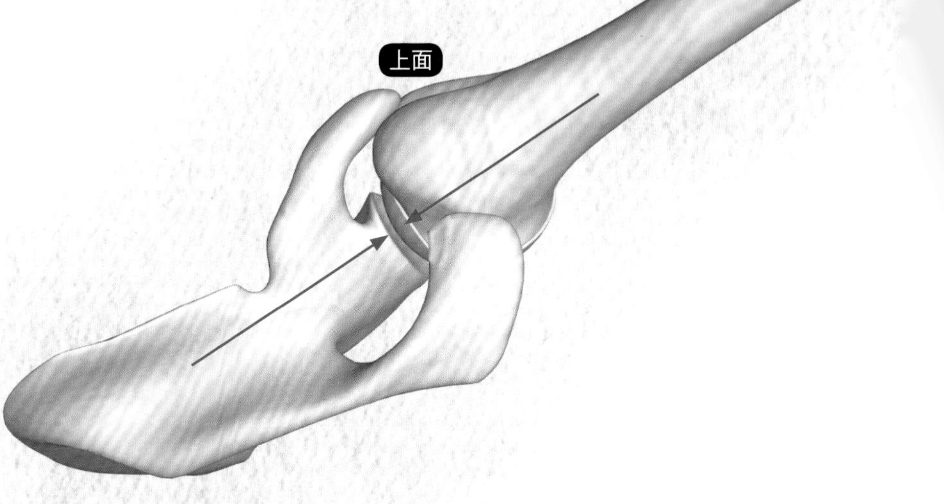

上面

肩膀與呼吸運動

只要能放鬆與呼吸有關的肌肉，呼吸就會變得輕鬆。
放鬆這些肌肉的方法有2種。

呼吸時會用到的肌肉

「呼吸肌肉」是指吸入與吐出空氣時會使用到的肌肉，可分為呼氣肌肉與吸氣肌肉。

呼氣肌肉是呼氣時會用到的肌肉，內肋間肌就是其一。腹肌群亦是呼氣時的輔助肌肉。

吸氣肌肉是吸氣時會用到的肌肉，橫膈膜、外肋間肌都屬於吸氣肌肉。吸氣時的輔助肌肉則包含了斜角肌、胸鎖乳突肌、臂肌等肩部肌肉。這些肌肉能上提肋骨，還能上拉並展開胸廓。

肩膀的肌肉也會影響呼吸，尤其是斜角肌持續處於緊繃狀態時，將影響上位的肋骨運動，使呼吸變淺。出現吸氣量夠，吐氣力道不足的情況。肩膀僵硬便是斜角肌處於緊繃狀態時出現的典型症狀。

動肩能使呼吸變輕鬆

呼吸可分成腹式呼吸與胸式呼吸。站立時做胸式呼吸會比較容易。

活動肩胛骨能夠加大吸氣的力道。肩胛骨上提時，上部的肋骨就會橫向擴展，打開胸廓。只要胸廓打開，就能吸取大量空氣進入肺部。

做完激烈運動後之所以需要搭配肩膀呼吸（讓肩膀上下動），就是為了以活動肩膀的方式上提胸廓，輔助吸氣的力道。這時，只要用腹肌使勁吐氣，空氣就能自然地進入肺部。當人們處於疲累狀態時便很容易忘記吐氣，且不斷地吸入空氣。

讓呼吸變輕鬆的 2種方法

斜角肌是很容易緊繃僵硬的肌肉，從肌肉的生長方式來看，卻也是較難伸展開來的肌肉，所以建議做點讓斜角肌「放鬆」運動。

把肩膀聳高縮起後，再一口氣放鬆垮下肩膀，並重複此動作數次。先讓肌肉收縮至極限的話，就會變得更容易放鬆。

放鬆使斜角肌變鬆弛，讓肌肉順暢活動，同時也能改善胸廓、脊柱的動態表現，執行手臂與肩膀運動時也會更順暢。

放鬆呼吸肌肉還有另一種方法，那就是上提動作。舉高手臂的動作能積極地運動肩胛骨。肩胛骨能連動附著於肩胛骨上的胸大肌和前鋸肌，使胸廓運動，如此一來便能加大呼吸運動的範圍。

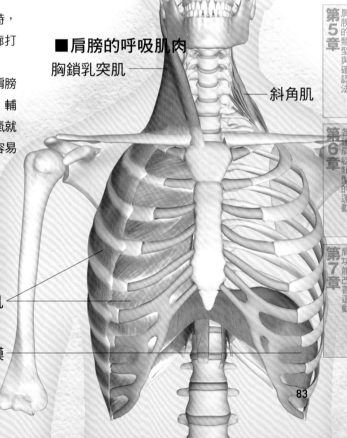

■肩膀的呼吸肌肉

胸鎖乳突肌 ——

—— 斜角肌

內、外肋間肌 ——

橫膈膜 ——

第1章 構成肩膀的骨骼
第2章 構成肩膀的肌肉
第3章 肩膀的運動
第4章 常見的肩膀問題與不適
第5章 肩膀的類型與確認法
第6章 各種肩膀類型的運動
第7章 肩功能改善運動

肩膀與步行運動

充分運動肩膀能夠衍生出步行的推進力。
所以只要運用肩膀得宜，就能改善步行動作與運動姿勢。

肩膀下壓
能使步行變輕鬆

　　接著就以「競走」這項競技為例，來思考
肩膀與步行動作的相關性。競走是指伸直膝
蓋，並將骨盆旋轉至最大角度，讓腿往前踏
出。負責引導腿部運動的就是肩膀。

　　肩膀負責支撐著手臂，如同骨盆負責支撐
著腿部。腿部與手臂就像車子的雙輪一樣，
能協調作動，形成推進力。換句話說，只要
肩膀能像骨盆一樣充分作動，便能形成步行
的推進力。

　　想要讓腿部能更輕鬆地往前踏出，就必須
動用軀幹肌肉的闊背肌和胸大肌，使肩膀下
壓。當人體逐漸疲累時，肩膀會拉高，這是
因為負責上提肩膀的肌肉量明顯較多（斜方
肌、菱形肌、提肩胛肌、胸鎖乳突肌等）。
一旦肩膀拉高，力量就會流失，對步行動作
時會形成的軀幹旋轉帶來負面的影響。所以
想要提升步行動作的表現，就必須隨時記住
「肩膀要下壓」的原則。

　　步行動作時的肩膀運動如下。

1. 手臂與肩膀同時擺動會使肩帶屈曲、伸
展，這時軀幹會以脊柱為中心開始旋轉。

2. 軀幹旋轉後，骨盆也會水平旋轉，髖關
節的位置則會自然地前後錯位，讓腿部更容
易往前踏出。

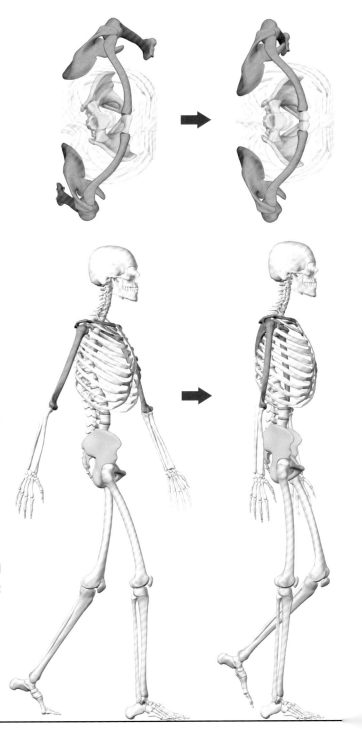

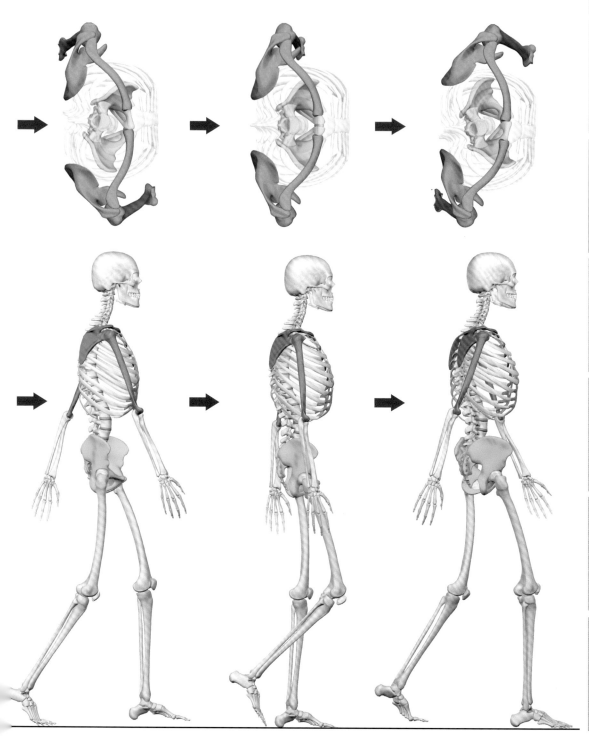

第1章 構成肩膀的骨骼

第2章 構成肩膀的肌肉

第3章 肩膀的運動

第4章 常見的肩膀問題與不適

第5章 肩膀的類型與確認法

第6章 各種肩膀類型的運動

第7章 肩功能改善運動

手臂擺動與推進力

擺動手臂有助增加腿部的推進力。這時手臂會像擺錘一樣，充分發揮前擺與後擺時所產生的力量差，便能成為腿部的推進力。

推進力是指重心往前移動（骨盆稍微前傾的姿勢）及腳蹬地面的力量。透過動肩來引導骨盆運動，讓腿更容易往前踏出。這時只要像上述一樣有效率地擺動手臂，就能增加推進力。

column 11

重心移動的訣竅

重心往前移是增加推進力的姿勢，但這時大多數的人都會出現駝背、低頭的情況，如此一來就會平白浪費手臂的力量了。想要獲得推進力，必須下巴稍微前推，讓鼻孔與耳朵孔能夠和地面保持水平狀態。這樣在前傾骨盆時，就能避免背肌拱圓，手臂也能更順暢地後拉動，協助腿部輕鬆往前跨出。而在減速時，則可以試著收起下巴，也就是讓臉部回到原本的位置，或是面朝下方。

肩膀與運動表現

肩膀與日常動作或運動又存在什麼樣的關係？
接著就以生物力學的觀點來探討肩膀。

肩膀的功能
會依目的有所改變

在做各種動作時，「肩膀」是決定手臂位置的重要
關鍵。手臂能決定手的位置，所以肩膀能夠控制手臂
與手部的運動。

會使用到手臂的動作主要有「上舉」、「抱」、「投與
擊打」、「抓取高處物」等。

肩膀的存在究竟是為了使用手臂？或是為了支撐
身體？不同的用途其實會讓肩膀的動法有所改變。
如果是要發揮手臂力量，那麼就必須具備可動範圍。
反觀，如果是要支撐住身體，就必須具備固定身體的
力量。當然也有邊固定邊動作，同時發揮2種功能的
情況。因此，若無法調整好肩膀的動作，便很有可能
使自己受傷。

上舉動作

持物時，盡量讓物品接近自己的身體，即可避免
手臂承受不必要的重量。「接近身體的位
置」就是指「接近肩膀的位置」。手臂
愈短，肩膀承受的負重就會愈輕，因
此只要將物品拿靠近肩膀，動作就會
比較輕鬆。

這時，夾緊腋下也會非常有效。夾緊腋
下能避免身體軸心不穩。一旦身體軸心不穩，就必
須花多餘的力量維持平衡。這時就會分散要用來舉
起重物的力量，使效率變差。

上舉槓鈴時愈靠近身體，
動作就會愈輕鬆。

第1章 構成肩膀的骨骼

第2章 構成肩膀的肌肉

第3章 肩膀的運動

第4章 常見的肩膀問題與不適

第5章 肩膀的類型

第7章 肩功能改善運動

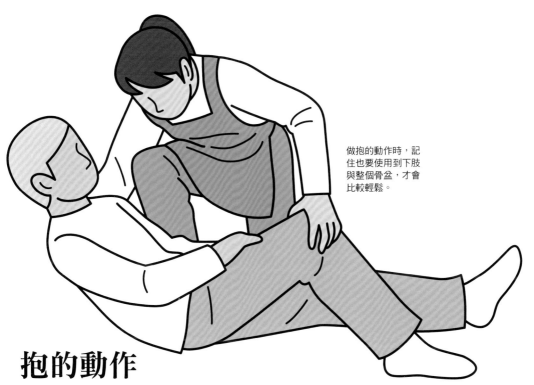

做抱的動作時，記住也要使用到下肢與整個骨盆，才會比較輕鬆。

抱的動作

　　做抱的動作時，要讓肩膀靠往內側。抱的動作是以胸鎖關節為支點，如果胸鎖關節不動，就無法做出動作。

　　支撐手臂的是脊柱與軀幹的肌肉，如果單以手臂的力量抱起無法承受的重物時，對脊柱和軀幹肌肉也會造成負擔，所以做抱的動作時也要使用到下肢與整個骨盆，切記勿只靠手臂力量負重。

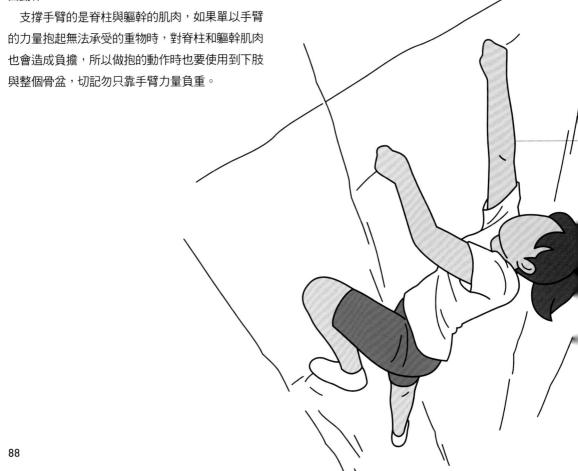

投、擊打動作

棒球投球、排球殺球、網球發球或扣殺等，許多運動都少不了手臂的動作。那麼，在做投、擊等運動時，肩膀又必須具備什麼樣的條件？

● 活動靈活的肩胛骨

做投球動作時，長手臂會較有利。當肌肉的使用方式相同，手臂愈長就代表半徑愈長，活動的距離也會拉大。那麼從肩胛骨開始活動就能延伸手臂的長度，使肩胛骨成為運動時的中心軸。肩胛骨運動的程度愈大，手臂的可動範圍也會愈廣，如此一來便能提升表現。

● 柔軟的三角肌

三角肌僵硬的話會使伸縮性變差，可動性受到侷限，將不利於投球動作。三角肌雖然要發揮固定功能，避免手臂脫臼，但如果開始動作時就固定住三角肌，那麼動作也會受侷限，因此保有柔軟的三角肌對於做手臂動作時可說非常重要。

● 旋轉的軀幹

能充分旋轉軀幹將有助投、擊的動作表現。只要我們像撥浪鼓一樣，放鬆手臂甩動軀幹便可得知，手臂運動會像撥浪鼓的墜子般愈變愈大，並受離心力影響，大到整個往外甩出。

這時只要手臂夠放鬆，我們就能以軀幹的力量將手臂往外甩出。比起只使用肩關節的力量，這樣的方式還會動到肩胛骨，能從背部大幅度地運動整隻手臂。在大量的肌肉連動下，投擲動作就會以類似甩動長鞭的方式加速。

不只有動手臂，
必須從肩胛骨大
幅度地帶動手臂

支撐身體的動作

● 懸吊

在做吊單槓、攀爬等懸吊動作時，軀幹會比手臂更加重要。

懸吊是以軀幹為軸心並使用到手臂的動作。當肩膀處於固定狀態時，可透過屈曲肩關節的方式上提身體。如果不利用手臂穩住軀幹，往上提的力量就會因此減弱。另外，夾緊腋下也有助力量集中於身體的中心軸（脊椎附近），能更有效率地上提身體。一旦身體展開，負重就會分散，加大主動肌的負擔。

第1章 構成肩膀的骨骼

第2章 構成肩膀的肌肉

第3章 肩膀的運動

第4章 常見的肩膀問題與不適

第5章 肩膀的類型與確認法

第6章 各種肩膀類型的運動

第7章 肩功能改善運動

透過肩膀鞏固軀幹

● 倒立

　倒立是確實將肩關節肌肉穩住後就能做的動作。倒立時，肩膀所扮演的角色相當於站立時的骨盆。如果未確實穩住肌肉，肩帶便無法支撐身體，就像是鞏固骨盆的肌肉力量薄弱，光靠髖關節難以撐住體重的小嬰兒無法站立一樣。

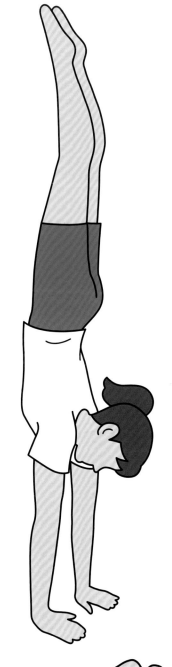

● 伏地挺身

　要從「趴姿」起身時，最剛開始的動作會是收縮喙肱肌，所以喙肱肌沒力的話，就很難做出圖中貼近地面的伏地挺身。

　喙肱肌是位置最接近骨骼的小肌肉，當人處於極度的屈曲狀態時才會開始作動。如果沒有做過度伸展胸部的肌力訓練，喙肱肌會逐漸變弱，這時做下壓深度接近地面的伏地挺身時，手臂就會無法挺直。

■喙肱肌

第1章 構成肩膀的骨骼

第2章 構成肩膀的肌肉

第3章 肩膀的運動

第4章 常見的肩膀問題與不適

第5章 肩膀的類型與確認法

第6章 各種肩膀類型的運動

第7章 肩功能改善運動

column 12

轉動肩膀其實很難

當各位被要求「請轉動肩膀」時會怎麼做呢？

大多數的人會以肩關節為中心，將手肘繞圈轉動。乍看之下似乎正確，但其實還是有些錯誤。這樣的轉法是以肩膀為軸心的「手臂運動」，並非轉動肩膀，只能說是「轉動手臂」。因為這時的肩膀是被固定住的，幾乎不會動到肩胛骨。

本書所說的「肩膀」有著多層意義。請各位回想一下，前面內容中有提到廣義的「肩膀運動」是指肩帶（肩胛骨與鎖骨）的運動。

「轉動肩膀」是活動「肩膀」的運動。這時請把以胸鎖關節為支點的鎖骨當成軸心來活動肩胛骨，試著畫圓轉動肩頭（肩峰）。不過，明明是想要轉動肩膀，為什麼會是手肘在轉呢？因為肩膀是活動手部或手臂時的支點，所以大多數人平常已經習慣用此處作為支點來活動。

轉動肩膀並不是你我平常會刻意做的動作，必須練習才做得到。如果能夠做到正確的轉肩，那麼肩膀會更容易放鬆，甚至預防肩膀出現僵硬的情況。

如果試著認真地「轉肩」，卻發現肩膀或肩帶動不了時，就代表肩膀或腰部的障礙風險增加。有些人甚至早已出現肩膀僵硬、腰痛、五十肩等問題。

第 4 章

肩膀相關
須知事項

——常見的肩膀問題與不適

本章會提到與肩膀相關的問題與不適，
為何肩膀會疼痛，怎麼做才能改善？
以下將介紹常見的肩膀煩惱、疑問以及改善方法。

為什麼會「肩膀僵硬」?

讓我們從解剖學觀點來探討肩膀僵硬的發生機制。

肩膀僵硬的發生機制

肩膀僵硬多半是指以斜方肌為主的肩頸肌肉緊繃現象。從解剖生理學角度來看,肩膀僵硬是支撐肩膀的肌肉周圍出現(血液)循環不良所引起。原因有很多種,但血液循環不良的部位因為較難有溫熱的血液通過,所以該處容易變得冰冷。如此一來會使肌肉和結締組織的柔軟度降低,伸展性變差。這也是為什麼肩膀僵硬處的觸感會比周圍更硬的緣故。

與肌肉相關的結締組織中,主要包含了膠原纖維、彈性纖維等組成項目。這些纖維遇冷會變硬,溫熱狀態下則會變得柔軟。當纖維遇冷變硬時,感覺會像是失去彈性的橡膠。

一旦出現血液循環不良,肌肉活動的代謝物就會停滯不動,這也成了肩膀僵硬的起因。

照理來說,肌肉活動產生的代謝物隨著血液流動排出。但血液流動變差時,肌肉內部與組織縫隙就會囤積夾帶著這些代謝物的水分,使靜脈阻塞,肌肉與組織變得非常緊繃(可透過超音波觀察到此情況),觸摸時也會感覺相當僵硬。這樣的組織狀態屬於異常,因此會有訊號送往腦部,接著腦部便認定此狀態為「僵硬」。

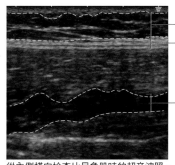

皮下組織
小腿內側處筋膜
內有靜脈,周圍已變黑

從內側橫向檢查比目魚肌時的超音波照。
小腿緊繃時的狀態(竹內提供)

肌肉過度緊繃
會造成肩膀僵硬

那麼,造成肩膀僵硬的血液循環不良又是如何發生?其實原因也是有很多種,「肌肉過度緊繃」為其中之一。肩膀負責支撐手臂與頭部,總是承受著兩者合計約10公斤的重量,就算肩膀沒有用力出力或做大幅度的動作,也必須隨時發揮張力才能支撐住手臂與頭部。不過這和肌肉的自然緊繃(為了做下個動作時肌肉的正常收縮)並不相同。

因為施力小、動作小,所以很難察覺,但肌肉長期處於緊繃狀態的話,就很容易造成血液循環不良。肌肉反覆的收縮與鬆弛有助血液循環,不過持續處於收縮(緊繃)狀態,缺乏鬆弛時,將有損血液循環。

硬梆梆

其中，長時間看著電腦或是在車上閱讀都會造成肩膀僵硬。為了固定視線，支撐頭部的肩頸肌肉會變得緊繃，進而造成血液循環變差。

姿勢不良也會導致肩膀僵硬

姿勢不良的話，也有可能使肩膀僵硬。因為不良的姿勢會使肩膀周圍的肌肉無法充分活動，用來維持姿勢的肌肉就必須做出多餘的施力，所以才會在不知不覺中累積疲勞，造成血液循環變差。這些部位會因為血液循環變差而感到冰冷緊繃，進而變得僵硬。

過度使用肌肉會使血液循環不良，但肌肉使用不足其實也會出現相同問題，最常見的部位就屬背部。各位應該都有過坐在辦公桌前一整天，沒什麼活動到脊柱的時候，這時未活動部位的血液流動就會停滯。

做改善肩膀僵硬的體操卻無法恢復時，就表示可能沒有活動到脊柱（身體軸心）。這時除了轉肩放鬆外，還要做做能活動到脊柱肌肉的體操。做體操時，要記得讓脊柱自在地活動，從裡到外活動身體，如此一來才能讓胸廓、上肢帶（肩帶）、頭部的關節面貼合在正確位置，動作才會正確。

第1章 構成肩膀的骨骼

第2章 構成肩膀的肌肉

第3章 肩膀的運動

第4章 常見的肩膀問題與不適

第5章 肩膀的類型與確認法

第6章 各種肩膀類型的運動

第7章 肩功能改善運動

提肩胛肌是造成
肩膀僵硬的隱性肌肉

頸根部與肩峰之間，是容易讓人感到肩膀僵硬的區域。用手觸摸這一帶，會感覺非常緊繃的正是位於表層的斜方肌，因此外界往往會把「肩膀僵硬」與「斜方肌緊繃」劃上等號，並頻繁地伸展斜方肌。不過，光這樣是無法改善難纏的肩膀僵硬問題。

這是因為，位於斜方肌深處的提肩胛肌仍處於緊繃狀態。

伸展的效果只會反應在斜方肌等表層肌肉上。若不活動較接近骨頭的部位，像是放鬆提肩胛肌這類深層肌肉的話，就很難恢復肌肉應有的柔軟度。

筋膜沾黏
會造成肩膀僵硬

提肩胛肌會被稱作「造成肩膀僵硬的隱性肌肉」其實還有一個理由，那就是筋膜沾黏。

肩部肌肉中，容易出現沾黏的部分是從提肩胛肌肌腹延伸至終點處的筋膜。提肩胛肌的範圍從脊柱到肩胛骨，起點包含多個頸椎，由3～4束肌束組成，終點則是涵蓋了肩胛骨上角至內緣側上部。起始於最上方的肌束終點位於最下方，起始於最下方的肌束終點則落在最上方，彼此間形成扭轉狀態。扭轉重疊的肌束筋膜中帶有膠原纖維，這些膠原纖維非常鬆弛且彼此相連。筋膜的鬆弛連結構造雖然能讓肌肉一同發揮作用，但肌肉缺乏運動的話，結締程度會隨之變強，使沾黏逐漸嚴重。如此一來，肌肉就會動彈不得，血液循環變差，且容易囤積老廢物質。這便是導致「僵硬」的原因。

提肩胛肌是位於斜方肌深處的肌肉，就算出現沾黏而活動度變差，也較難察覺，缺乏照護的同時將使沾黏漸趨嚴重。

column 13

為何肌束與肌腱
會扭轉？

像提肩胛肌一樣，終點的肌肉或肌腱呈扭轉狀的肌肉還包含闊背肌、胸大肌、阿基里斯腱等。這些肌肉的施力會集中在扭轉的單一位置上，所以和肌束筆直走行的肌肉相比，能發揮更大力量。

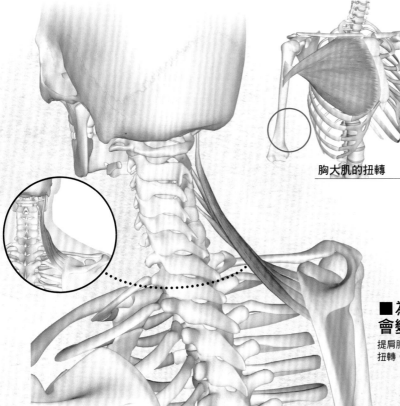

胸大肌的扭轉

■為何提肩胛肌
會變僵硬
提肩胛肌的終點有多條肌肉重疊扭轉，因此較容易出現沾黏。

放任肩膀僵硬會如何？

如果放任肩膀僵硬不管，很有可能演變成慢性的不適症狀。

肩膀疼痛問題
很容易漠視不管

與腰部相比，肩膀是較難察覺疼痛的部位。一直支撐著體重的腰部光是站立移動就會活動到骨骼，神經也會跟著起作用，所以立刻就能感受到疼痛。腰痛會影響日常生活，因此基本上都會早期展開治療。

然而，如果只是覺得肩膀有些沉重，一般人都會選擇忍耐，所以很容易放任不管。另外，我們也常會在覺得「好累啊」的時候，下意識地揉捏患部或做伸展，其實這些動作都能明顯緩和症狀，因此肩膀僵硬往往會讓人缺乏從根本治癒的動力。但是，一旦肩膀僵硬變成慢性問題，其他位置也會開始出現疼痛或異樣感。「僵硬」會進一步地對神經帶來影響，除了患部的劇烈疼痛外，還會出現頭痛、噁心感等症狀。另外也有單純以為只是肩膀僵硬，但實際上還藏有其他疾病的案例。所以肩膀僵硬症狀改善，但疼痛仍未獲得緩解時，就必須積極求診。

頭痛
噁心感

腰痛

■肩膀僵硬與
主要不適症狀的關係

從頭頸部回到心臟的血液（從皮靜脈返回的血液）阻塞在肩膀，產生疼痛。

當支撐身體的背部肌肉（深層肌肉）一旦僵硬，支撐力就會失去平衡，無法維持姿勢，還有可能因此閃到腰。

身體冰冷

僵硬處的血液循環不順，無法確實輸送溫熱的血液，因此會出現冰冷症狀。通過這些冰冷位置的血管與神經也會受到影響，導致末梢也變得冰冷。相反地，「身體冰冷」也有可能成為肩膀僵硬的原因。

指尖發麻

肩膀僵硬導致斜角肌緊繃的話，負責掌控手臂皮膚與肌肉的神經受到壓迫，指尖就會發麻。

第1章 構成肩膀的骨骼

第2章 構成肩膀的肌肉

第3章 肩膀的運動

第4章 常見的肩膀問題與不適

第5章 肩膀的類型與確認法

第6章 各種肩膀類型的運動

第7章 肩功能改善運動

如何治好肩膀僵硬？

有4種方法能夠改善肩膀僵硬。

① 熱敷肌肉

僵硬的部分多半會出現組織冰冷的問題，所以要促進溫熱血液的循環。溫度提升後膠原纖維會變柔軟，減緩僵硬情況。運動引起的急性肩膀僵硬多半是熱累積所造成，因此針對患部中心稍作冰敷也會非常有效果。建議先冰鎮患部後，再改成熱敷。

② 放鬆肌肉

慢性的肩膀僵硬與疼痛有時光靠伸展是無法獲得改善。僵硬處因為血液循環阻塞，導致肌肉也無法活動，在這樣的狀態下就算做伸展也難以運動到肌肉。

這時最有效的改善方法是放鬆肌肉。不過要注意一點，那就是僵硬處多半位於身體深處，且血液循環較差，因此骨骼與骨骼周圍的結締組織都必須活動到。換句話說，光只有放鬆表面的肩帶肌肉是不夠的。這時一定要充分連動與肩帶相接的肌肉，才能避免活動受到侷限。因此必須透過胸廓肌肉（附著於肋骨、椎骨、胸骨的肌肉）與脊柱肌肉，從身體中心處放鬆胸廓、脊柱等部位，讓這些肌肉與骨骼（關節）活動得以恢復，才是充分改善肩膀僵硬的方法。

第1章 構成肩膀的骨骼

第2章 構成肩膀的肌肉

第3章 肩膀的運動

第4章 常見的肩膀問題與不適

第5章 肩膀的類型與確認法

第6章 各種肩膀類型的運動

第7章 肩功能改善運動

③

按摩肌肉

活動肌肉 ④

　　肌纖維（肌細胞）會被如棉花糖般的結締組織捆束住，裡頭會有血管與神經通過。當棉花糖蓬鬆柔軟時，肌肉中的血液就能順暢流動。按摩肌肉就是為了讓肌纖維周圍的結締組織變軟，恢復血液循環。換句話說，只要恢復結締組織的鬆軟度，血液循環就能恢復，肩膀僵硬也將獲得改善。

　　搭配較輕的負重活動肌肉，讓肌肉能反覆地收縮與鬆弛。這樣的反覆過程又被稱為肌肉幫浦作用，能促進血液流動。

　　有氧運動能提升肌纖維的活動力，只要肌纖維活動旺盛，負責作用的微血管數就會增加，進而促進血液循環。

豬肉也能觀察到結締組織

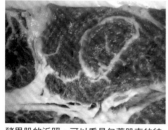

豬里肌的近照。可以看見包著肌束的結締組織（白色）以及走行於肌束間的結締組織（白色）。
白色的部分基本上都含有脂肪組織。

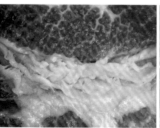

肌束周圍帶有脂肪的筋膜，是由許多薄層圍繞而成。

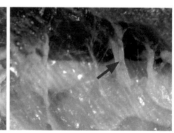

從筋膜剝離的肌束，可以看見非常細的膠原纖維束與通過其中的血管（箭頭處）。

肩膀傷害與運動

肩膀傷害多半都是運動所造成。
接著要來解說運動造成的肩膀傷害發生機制。

運動傷害

運動傷害是指進行特定運動時所引起的傷害。原因包含了使用身體的方法錯誤、過度使用局部部位等。

運動傷害是在做出運動特有的姿勢時會伴隨產生的情況，所以每種運動的症狀不盡相同。絕大多數的情況都是在過度使用身體後出現運動傷害，因此當事者的身體使用模式及錯誤的習慣，都是造成運動傷害的原因。

疼痛會出現在忍耐到最後一刻的部位

不只是肩膀，其實各種「傷害」多半會出現在活動到最後一刻的部位，因此疼痛的位置不見得是真正的原因所在。

常見的運動傷害，都是過度使用某個部位後置之不理，導致肌肉變硬、活動度變差，進而出現疼痛。這時，較無力的肌肉會先停止活動，而其他的肌肉必須代為作用。但是過了一段時間後，這些肌肉也會疲勞，進而停止作用。於是，身體會先從較沒力的肌肉

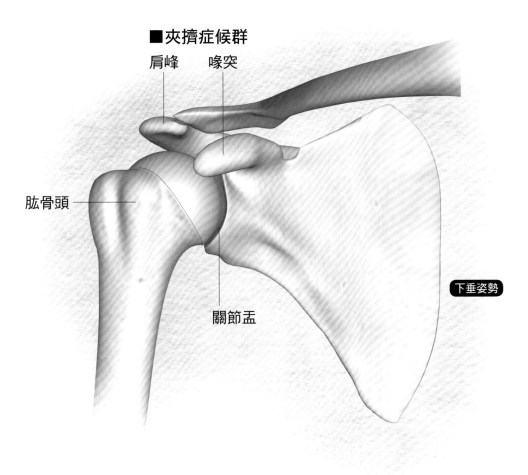

■夾擠症候群

肩峰　　喙突

肱骨頭

關節盂

下垂姿勢

開始停止活動，全身的活動力也會逐漸降低。

　　活動到最後一刻的肌肉終於也來到極限，並完全停止活動。當肌肉進入這樣的狀態時，基本上一定會伴隨疼痛症狀。

　　引發疼痛的原因，照理說是最剛開始停止活動的部位，但因為該部位立刻停止活動，所以我們無法發現原因所在。感到疼痛的部位，往往是活動到最後一刻的部位，與疼痛的原因比較不會有直接關係。這麼一來，就算再怎麼努力治療疼痛處，也是治標不治本，因此運動後仔細照護所有使用過的部位，可說是最為關鍵的治療要點。

會使肩膀受傷的動作

　　如果讓關節做出不合適的動作，將對動作部位形成壓力，隨之便引起傷害。利如肩膀就會出現「夾擠」（impingement）傷害。

　　此傷害又稱為「夾擠症候群」，是肩膀的關節持續朝非習慣方向活動後所產生的傷害。

　　要把手臂舉至水平高度之上時，在不外展肩關節的前提下就很容易出現夾擠。這是因為以肩關節的結構來看，若要舉超過水平高度，又不外展的話，構成肩關節的骨骼就會彼此碰撞。

　　像這樣反覆地讓關節朝非可動範圍的方向活動，將會使關節受傷，形成傷害。

第1章　構成肩膀的骨骼

第2章　構成肩膀的肌肉

第3章　肩膀的運動

第4章　常見的肩膀問題與不適

第5章　肩膀的類型與確認法

第6章　各種肩膀類型的運動

第7章　肩功能改善運動

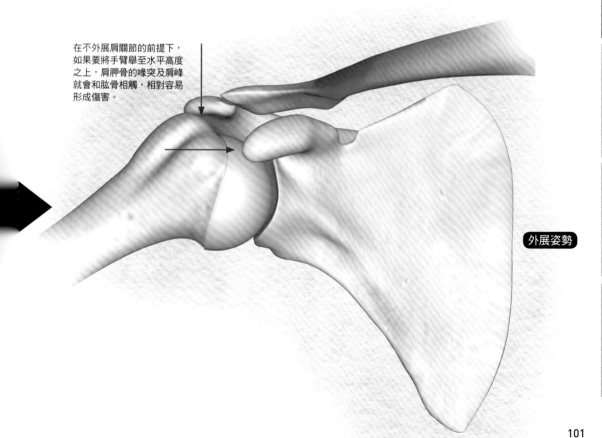

在不外展肩關節的前提下，如果要將手臂舉至水平高度之上，肩胛骨的喙突及肩峰就會和肱骨相觸，相對容易形成傷害。

外展姿勢

投手肩與
起始位置的關係

第3章也有提到的「起始位置」是能讓肩關節最穩定的姿勢，在運動表現上更是既安全又能充分發揮效率的最佳位置。

做投球動作時，若能在揮臂過程中維持起始位置，將能降低傷害的風險。不過多次投球後，肩膀的肌肉會逐漸疲勞，變得難以維持起始位置。這時肌肉的使用情況會開始失衡，對肩關節造成損傷，也就是我們

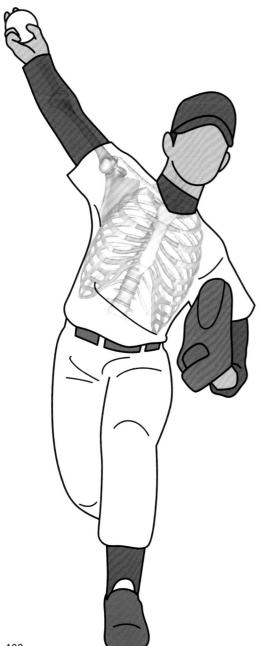

所說的「投手肩」。

起始位置是負擔最少，且發揮最大力量的位置，只要能維持姿勢，運動表現也能隨之提升。反觀，如果位置錯誤，負擔就會集中在特定的肌肉上，並在反覆運動的過程中造成傷害。

維持起始位置的關鍵
在於肩帶骨骼

想要維持起始位置，與其直接相關的部位雖然是肩胛骨，然而若細究間接部位裡最重要部位，其實是負責支撐肩胛骨的鎖骨。

肩胛骨騰空於背部的肌肉之間，並沒有透過關節，與軀幹的骨骼相連。萬一固定肩胛骨的肌肉疲累，肩胛骨的位置就會不穩定。

將肩胛骨固定於體壁的肌肉，包含了斜方肌、提肩胛肌等。因此當這些肌肉疲累，導致肩胛骨活動度變差的時候，肩胛骨位置就會抬高，而這也會使肱骨變得較難抬高。

除了上述的肌肉外，位於下背部的闊背肌柔軟度也非常重要。闊背肌的終點位於肱骨上，並沒有直接附著在肩胛骨上，可是它的腱膜卻會與肩胛骨的下角相連，因此若闊背肌不動的話，肩膀的活動度就會受到相當程度的限制。

旋轉肌群
（rotator cuff）

旋轉肌群是由肩胛下肌、棘上肌、棘下肌、小圓肌末端肌腱所組成的片狀肌腱，能補強第二肩關節，預防肩膀脫臼。

旋轉肌群亦是非常容易受傷的部位。第一關節腔（解剖性關節腔）與第二關節腔（肩峰下滑囊）之間是最容易活動的部位，因此壓力很容易附加在負責補強的旋轉肌腱上。除了投手肩，其實四十肩或五十肩也都常發現旋轉肌群的發炎症狀。

只用手臂打擊
會傷害肩膀

在運動時，只使用到手臂的「手臂投法」或「手臂擊法」除了無法展現威力外，還會使肩關節受傷。

做投的動作時，使用到全身的方法才是正確。使用全身的投球動作會以腰部作為支點，這時力量會透過胸鎖關節傳至肩帶，所以能發揮更大的力量。腰部負責支撐體重，肌肉量比肩膀多，且相當強韌。如果能從腰部帶動，便可旋轉軀幹，讓擊球或投球更有力。當然還能減少對肩關節的負擔。

在做需要投入龐大力量的動作時，就必須用上整個身體，也就是以腰部為支點，並穩住肩關節。「手臂投法」或「手臂擊法」只能從肱骨積極地帶動肩關節，較難發揮更大的力量，還很容易傷到肩關節。

為什麼肌肉會過陣子才開始痠痛

運動時，心臟會送出大量血液。停止運動時，血液量則會恢復正常。不過，回到心臟的血液量就會比運動時少，對運動時產生的疲勞物質回收造成影響。運動後會做緩和運動（收操），其實就是希望以稍微活動身體的方式，幫助疲勞物質的回收。如果運動產生的疲勞物質一直留在體內，將會出現浮腫、肌肉變硬的情況。

收操能逐漸消除細胞外的疲勞物質，不過疲勞物質也會累積於細胞中。這些疲勞物質會慢慢地滲至細胞外，因此肌肉總在隔天之後開始痠痛。

一般都會認為年紀愈大，肌肉開始痠痛的速度會愈慢，這是因為疲勞物質滲出細胞之外的能力（排泄能力）變差的緣故。

所以收操時，務必考量事後滲出的疲勞物質量，積極地做緩和運動。如果光靠身體自然回收疲勞物質，反而容易出現浮腫、肌肉僵硬與肌肉痠痛。緩和運動是指用4成左右的運動強度來活動身體。非常推薦各位以持續少量使用肌肉的自我按摩及伸展作為緩和運動項目。

自我伸展時如果能意識到要從身體最中心開始動，也就是活動到最深層肌肉，充分做到「拉伸關節」的話，效果會頗為顯著。

第1章 構成肩膀的骨骼

第2章 構成肩膀的肌肉

第3章 肩膀的運動

第4章 常見的肩膀問題與不適

第5章 肩膀的類型與確認法

第6章 各種肩膀類型的運動

第7章 肩功能改善運動

肩膀傷害與年齡增長

四十肩、五十肩是會隨年紀增長愈容易出現的運動器官傷害。
接下來會以解剖學的角度，解說可能造成肩膀傷害的原因。

運動器官傷害

所謂運動器官，是指活動身體的器官，也就是骨骼、肌肉與相關結構組織。近來也開始有人把皮膚（表皮、真皮、皮下結締組織）視為一種運動器官。運動器官傷害也包含了一般人在日常生活中所引起的傷害，像是年齡增長（老化性）或運動不足造成的問題（廢用性）。

其實四十肩或五十肩就是一種運動器官傷害。有可能是因為旋轉肌磨損變薄，或是缺乏滑液使關節相互摩擦、肌腱及韌帶變硬，也有可能是連續發生上述原因所引起。

一旦不常活動某個部位，該部位的活動難度就會愈來愈高。再者，即便勉強活動，也很容易對其他部位帶來負擔，反而增加了傷害風險，因此建議務必及早進行適當處置。

為什麼會有四十肩、五十肩？

因為是40多歲、50多歲的中年世代容易罹患的疾病，所以被稱為四十肩或五十肩，多半是指無法特定原因的肩膀疼痛，醫學用語則稱為「肩關節周圍炎」。

目前並未具體將四十肩與五十肩區分開來，出現在40多歲的人身上會叫作四十肩，如果是50歲以上的患者，基本上就會歸類於五十肩。

肩關節周圍炎是讓許多人困擾的症狀，但目前尚未掌握到真正原因。大多數的情況都是年紀增長伴隨衰退的同時，「某個原因」啟動了疾病。有些人可能是某天準備要動身體的瞬間突然出現劇烈疼痛，有些人則是慢慢出現疼痛感。

四十肩與五十肩都有個特徵，那就是三角肌會變得非常僵硬。造成三角肌僵硬則可分為「廢用性」、「運動性」、「神經性」等因素。

廢用性
（不活動所造成的疼痛）

就算是年輕人也有可能罹患四十肩與五十肩。此疾病與年紀並無相關，只要不活動肩膀就有可能出現。從構造面來看，身體不會供應多餘的血液給不活動的

部位，所以血液只會流向「有需求」的部位。明明就有微血管網，但未流動充足血液的話，組織就會變冷變硬，導致末梢神經的血液循環持續處於不佳狀態。在這樣的情況下，只要突然做出需要承受負重的動作時，就會傷到肌肉或結締組織。

有些人即便沒有做需要承受負重的運動，但早上卻會痛醒，這就有可能是因為廢用性的血液循環不良對末梢神經所造成的影響。一旦身體冰冷，神經就會變得敏感，溫熱時神經則會變遲鈍。

勉強活動僵硬到動彈不得的部位還會出現反效果。做了伸展，卻無法充分拉伸的時候，就是肌肉出現牽張反射，開始強力抵抗的時候。遇到這種情況時，放鬆會比伸展來得重要。

運動性
（深層肌肉慢性血液循環不良所造成的疼痛）

像是能量枯竭、無法去除代謝物，導致肌肉變硬所引起的疼痛，會被歸類為運動性因素。當身體維持在使用完後的狀態下，會出現疲勞累積、血液循環變差的情況。

雖然可以透過放鬆或按摩，恢復肌肉的血液循環，改善這類型的疼痛。不過萬一血液流動還沒完全恢復就停止放鬆按摩，反而會形成慢性血液循環不良，進而帶來反效果。

神經性
（壓力所造成的疼痛）

精神性壓力、睡眠不足、身體冰冷也會引起肩關節周圍炎。一般來說，肌肉會隨時處於能收縮且稍微緊繃的狀態（肌肉的自然緊繃）。一旦過度緊繃，肌肉就會硬化，屆時伸展與按摩也無法給予改善。進行照護之後雖然情況能暫時變好，但立刻又會回到原本的不佳狀態。想要有所改善，則須杜絕壓力根源。

因此「休養」與「保暖」就變得非常重要。充分做好保暖其實也是對精神壓力的一種照護。休養發炎部位的同時也能溫熱冰冷的患部，可對於腦部感測到的痛覺帶來相當的緩和。

為什麼年紀愈大，愈舉不起肩膀？

不過，為什麼年紀愈大，就愈難舉起肩膀呢？其中有幾個理由。

第一是年齡增長使組織的柔軟度變差，導致「肩膀變得不堪使用」。機器無論使用與否，只要過了段時間零件就會劣化，人體其實也一樣，隨著年齡增長，關節周圍的組織彈性與張力也會緩緩流失。我們無法避免劣化，但能減緩發生的速度，那就是做護理。只要積極護理，就能改變情況。

第1章 構成肩膀的骨骼

第2章 構成肩膀的肌肉

第3章 肩膀的運動

第4章 常見的肩膀問題與不適

第5章 肩膀的類型與確認法

第6章 各種肩膀類型的運動

第7章 肩功能改善運動

第二是「過度使用肌肉導致代謝物囤積」。但這並不是指運動選手會遇到的過度使用，而是日常生活中肌肉的過度使用所導致。例如，一直維持不舒服的姿勢會使局部肌肉出現長時間收縮，這就算是過度使用肌肉。年齡增長會降低排泄代謝產物的能力，即便年輕時這樣的使用方式沒出現任何問題，但其實已經陷入過度使用的情況，相當於把肌肉的使用程度拉高至120％。

第三是年齡增長導致神經系統反應遲鈍，導致「平衡能力變差」。舉起手臂時，重心位置也會拉高，變得容易失去平衡，所以軀幹必須擁有能穩住骨盆的力量。不過，這股力量會隨著年齡增長逐漸變弱，神經反應也會變遲鈍，進而出現「舉起手臂就會不穩→因為會不穩，所以更難舉起手臂」的情況。

「早上起床時身體有點動不了」是老年現象

按照既有的模式過生活，血液循環卻變差是老年現象。因為隨著年齡的增長，基礎代謝也會變差，睡眠過程中肌肉會變得冰冷，導致早上起床時，身體有些動彈不得。不過只要稍微動一下便能改善血液循環，接著就可以一如往常地活動。

睡覺時，我們的身體只會執行能量消耗非常少的活動，血液的流動範圍幾乎僅限於內臟。即便體溫逐漸下降，流到肌肉與關節的血液量還是非常有限，所以早上起床時，就會出現肌肉與關節冰冷，活動度變差的情況。

當早上的肌肉與關節冰冷時，就要盡量避免突然動作。即便是洗臉、刷牙等很平常的動作，突然的前屈或是舉高手肘都會對下背造成負擔，甚至閃到腰。

可以動的疼痛與不能動的疼痛

肩膀疼痛時，很難判斷這是還能繼續活動的疼痛，還是要等到疼痛感消失後再動。

首先，如果動的時候會劇烈疼痛，那麼第二次就要緩慢地動看看。當第二次的疼痛程度不像第一次嚴重，便有可能是能夠繼續活動的疼痛類型。即便第一次活動時因為緊繃感到疼痛，繼續活動卻能促進血液流動，疼痛感也會隨之消失。

反觀，如果愈動，疼痛程度愈劇烈的話，就屬於不能繼續活動的疼痛類型。因為此類型的疼痛很有可能產生變異，一旦動了就會內出血或擴大受傷範圍。這時務必尋求專業醫師的協助。

每個人的疼痛程度不同。如果是非常明顯的外傷性疼痛，建議根據專業醫師的指示，確實靜養。但若是不活動沒有疼痛問題的部位，接下來可能會衍生「廢用性」問題，所以除非疼痛變得更厲害，否則還是要盡可能地多活動。

肩膀是年輕的象徵

日文會用「肩で風を切って歩く（直譯為用肩膀斬風地走路）」來形容一個人走起路來非常氣宇軒昂。老年人走起路來沒辦法那麼精神抖擻，其中一個原因是因為肩膀活動度變差，走路時沒辦法擺動手臂。

肩膀會透過手臂調整姿勢平衡，還會與腿部連動。如果因為五十肩變得難以活動肩膀，當然就無法大幅度擺動手臂。擺不動手臂，就很難用腰部取得平衡，步伐也會跟著變小，所以老年人走路時常會出現「小碎步」。動作變小會缺乏躍動感，看起來就會毫無朝氣。另外，當肩膀活動度變差，連帶也會影響頸部的活動度，同樣成了看似老態的原因。

肩膀與減肥

是否真有只要動動肩胛骨就能減肥的肩胛骨瘦身法？
接著讓我們從解剖學的觀點，來驗證肩膀與減肥的關係。

活動肩胛骨能讓臉變小？

臉部的血液會流經位於臉部表面的「皮靜脈」，接著與來自頭部表面的血管結合，一同返回心臟。來自頭部與臉部的皮靜脈（血液）會進入位於頸根部的鎖骨下靜脈。一旦與頸根部相連的肩膀變僵硬，血液就會很難回到心臟，阻塞於靜脈中，使臉部變得浮腫。

我們可以透過活動肩胛骨來解決這類型的臉部浮腫。只要動一動肩胛骨，鎖骨下靜脈周圍的肌肉就能放鬆，促進血液流動，臉部也能隨之消腫。

想要消腫打造小臉的話，除了做臉部按摩，還要同時加入肩頸運動，讓靜脈血液的回流變得更順暢。

慢性肩膀僵硬會使臉部鬆弛？

肩膀僵硬趨向慢性化的同時，斜方肌與胸鎖乳突肌就會變緊繃。肌肉一旦緊繃，表皮也會跟著變硬失去彈性，使「臉部鬆弛」。

當斜方肌與胸鎖乳突肌這些與肩頸相連的肌肉處於緊繃狀態，除了會使肩膀上提外，還會將頸部下拉，也就是把臉部的肌肉與皮膚往下扯，呈現下垂狀。只要解決肩膀僵硬問題，拉扯的力量也會隨之消失，這時，除了老化伴隨的自然鬆弛外，將能消除其他造成肩膀僵硬的原因。

肩胛骨與減肥

不活動肩胛骨的話，與肩胛骨連動的闊背肌、豎脊肌群等背部肌肉，活動度也會連帶變差。活動度變差的部位會累積脂肪，形成「贅肉」。

背部的肌肉也與骨盆相連，所以會透過骨盆，連動下肢肌肉。不只是上半身，一旦肩胛骨缺乏活動，還會連帶影響下半身，使全身肌肉的活動度變差。所以充分活動肩胛骨能提升背部、軀幹、骨盆、下肢及全身的活動度，還能打造出不易累積脂肪的身體呢。

透過「扭轉」消除背部的鬆弛感

背部，是非常容易鬆弛的部位，尤其是腋下至肩胛骨下部，非常容易囤積脂肪。

第1章 構成肩膀的骨骼

第2章 構成肩膀的肌肉

第3章 肩膀的運動

第4章 常見的肩膀問題與不適

第5章 肩膀的類型與確認法

第6章 各種肩膀類型的運動

第7章 肩功能改善運動

這個部分原本就較少活動到，而且還是位於眼睛看不到的背部，因此不易養成刻意活動的習慣。

想要消除背部的鬆弛感，就必須多活動，避免多餘脂肪囤積，其中又以「扭轉（旋轉）運動」的效果較為顯著。

不只背部肌肉，還有許多肌肉都屬於斜走向，所以筆直的活動模式無法充分運動到肌肉。舉例來說，負責收緊腋下的主要肌肉為肱三頭肌長頭與肩胛下肌，活動這些肌肉時，只要加入扭轉動作，就能充分給予刺激。此運動其實也能同時扭轉皮膚，對鬆弛的皮膚帶來刺激效果。

如何避免肩膀受傷

頸部、肩膀僵硬與眼睛疲勞環環相扣

頸部僵硬、肩膀僵硬、眼睛疲勞是一連串的現象。頸部僵硬就會使肩膀僵硬；肩膀僵硬的話，眼睛就會疲勞。

這是因為我們在讀書或看電腦畫面時，目光會持續落在同一個點，為了讓眼睛聚焦，就必須固定頭的位置。要固定頭部的話，就要用到肩頸的肌肉。換句話說，乍看之下雖然只用到眼睛，實際上卻大量使用到肩頸肌肉。

長時間維持相同姿勢的話，負責固定頭部的肌肉就會開始疲勞，使頭的位置不穩。這時眼睛會無法聚焦且變得疲勞。

頸部僵硬、肩膀僵硬、眼睛疲勞就會這樣一連串地產生，如果漠視不管，還有可能引起頭痛、噁心感，所以務必盡早處置。

不費力的持物法

想要輕鬆地手持重物，就必須夾緊腋下。腋下是否夾緊會直接影響肩膀所承受的肱骨重量。不夾緊腋下的話，手臂的位置就會不穩，物體重量會連同手臂重量施加在肩膀上。

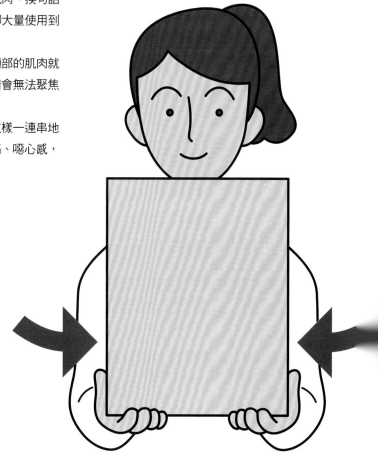

以一個體重50公斤的人來說，手臂大約重3.5公斤。即便手臂本身的重量相同，一旦穩定性愈差，對肌肉的負重與疲勞度也就愈大。另外，根據槓桿原理，離支點愈遠，負重就會愈大，這也會使重量瞬間增加。換句話說，對軀幹的肌肉而言，手臂本身也變成了負重。

如果維持夾緊腋下，將肱骨固定於身體側邊，穩住手臂位置的姿勢，就能避免對軀幹的肌肉帶來多餘負擔。反觀，如果不夾緊腋下，肩膀等負責支撐負重的部位就必須承受3.5公斤的手臂重量。因此夾緊腋下，充分分散手臂重量，讓手臂肌肉確實發揮持物的功能，才是輕鬆持物的訣竅。

現代人與肩膀僵硬

現代科技的發達，使得家事量劇減，但其實這樣的轉變有可能引來肩膀傷害。這是因為與過去相比，日常生活中會動到肩關節的動作大幅減少的緣故。舉凡以抹布擦拭走廊地板、將洗淨的衣物掛上曬衣桿、收鋪棉被等，這些都是古早人們認為很理所當然的日常動作，但時至今日已相當少見。

做這些動作的時候都必須舉起手臂，大幅度地活動肩關節。然而，現在的生活不再需要做這些家事，我們也就不必大幅度地使用肩關節。現代人「輕鬆舒適的生活」換個說法，會變成「不太需要動到肩膀的生活」。連帶卻也可能使得肩膀僵硬情況增加，助長對肩膀造成的傷害。

骨盆歪斜與肩膀歪斜

骨盆與肩膀相距甚遠，乍看之下沒有任何關聯，不過兩者卻透過脊柱的骨骼、肌肉、筋膜相連，對彼此帶來影響。所以骨盆歪斜會影響肩膀，肩膀歪斜也會影響骨盆。舉例來說，一旦骨盆歪斜，肩胛骨的位置就會受周圍肌肉活動的影響而改變（造成肩胛骨歪斜），對肩膀活動造成影響。

第1章 構成肩膀的骨骼

第2章 構成肩膀的肌肉

第3章 肩膀的運動

第4章 常見的肩膀問題與不適

第5章 肩膀的類型與確認法

第6章 各種肩膀類型的運動

第7章 肩功能改善運動

歐美人不會肩膀僵硬？

據說歐美人都沒有肩膀僵硬的煩惱，這是真的嗎？其實只是因為日本人與歐美人對於肩膀的認知概念不同罷了。

如同第1章所述，歐美與日本對於「肩膀」的範圍認知不同。一般日常提到肩膀時，歐美人普遍會使用「shoulder」一詞，不過若讀過體表解剖學領域的書籍後，會發現「shoulder」其實是指覆蓋於肩關節的皮膚區域，相當於肩峰與其下方覆蓋著肱骨頭的皮膚。也就是日本人概念裡涵蓋肩頭（肩峰）至三角肌肌腹的肱骨頭部分。由此可知，歐美人所說的肩膀，主要是指「肩關節」的部分。

那麼日本呢？自古以來，日本認知的肩膀是指從肩峰突出處到頸根部這片平坦範圍，與歐美人認知的位置有些許落差。就面積而言，日本人認為的肩膀範圍也大上許多。

歐美人當然也有和肩膀僵硬一樣的症狀，但是他們並不認為那是「肩膀僵硬」，所以才會出現歐美人不會肩膀僵硬的說法。順帶一提，英文雖然會說「shoulder pain（肩膀疼痛）」，不過那單純是指肩峰深層，也就是肩關節處的疼痛，並非日本人所說的「肩膀僵硬」。

說說題外話，各位知道「肩膀僵硬」這個詞是什麼時候開始被廣泛使用的嗎？據說是在夏目漱石著作的《門》裡頭出現後，開始廣為人知。在這之前每個地區對於「過度使用肌肉造成的痠痛」的表現都會有自己獨特的說法，並沒有統一用語。

從漢語衍生而來，意指「肩膀僵硬」的日文語詞，還包含了「痃癖」、「肩癖」等說法，這些語詞原本並不單指「肩膀僵硬」，也會用來描述伴隨肌肉緊繃而來的各種身體症狀。

© Alice Day/Shutterstock.com

第 **5** 章

肩膀的類型與確認法

本章將介紹如何確認自己肩膀類型的方法。
了解肩膀的類型，才能改善肩膀的不適。

肩膀與姿勢

肩膀的位置與姿勢有緊密相關。
只要能改善肩膀位置，姿勢就會跟著改善，
相對也就更容易解決肩膀僵硬等不適。

肩膀類型

　　人的肩膀可以分成多種類型。較常見的是「聳肩」
與「垂肩」，又可以分別區分成「骨骼性結構（先天
性）」、「肌肉狀態結構（後天性）」兩大類型。

　　受「肌肉狀態」影響的肩膀，與斜方肌的發達程度
有極大的關係。斜方肌發達的話，頸根部便會隆起，
看起來就像垂肩。相反地，如果斜方肌不發達，頸根
部結構瘦弱，看起來就會像是聳肩。

　　另外，提肩胛肌與菱形肌變短（肌肉維持收縮狀
態，長度變短）時，看起來也會像是垂肩。

　　提肩胛肌與菱形肌位於肩胛骨上角至下方的內緣
側，所以當這些肌肉收縮時，內緣側就會往內上方拉
提，相對地會讓肩膀看起來變低。

肩膀狀態
與身體不適

　　無論是垂肩或聳肩，這些肩膀類型本身都沒有什麼
大問題。不過如果是很嚴重的垂肩或聳肩，那麼部分

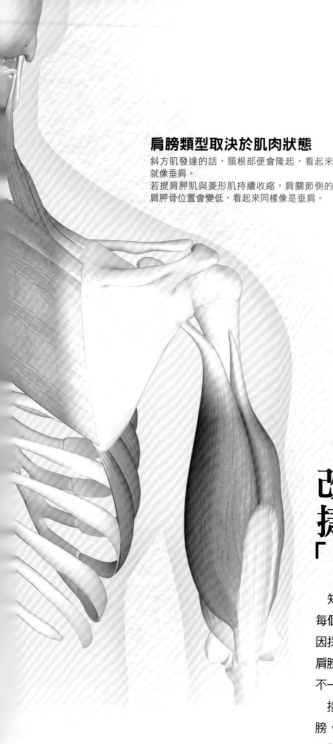

肩膀類型取決於肌肉狀態

斜方肌發達的話，頸根部便會隆起，看起來
就像垂肩。
若提肩胛肌與菱形肌持續收縮，肩關節側的
肩胛骨位置會變低，看起來同樣像是垂肩。

第1章　構成肩膀的骨骼

第2章　構成肩膀的肌肉

第3章　肩膀的運動

第4章　常見的肩膀問題與不適

第5章　肩膀的類型與確認法·

第6章　各種肩膀類型的運動

第7章　肩功能改善運動

改善肩膀僵硬
捷徑是掌握
「肩膀類型」

　　知道自己的肩膀類型，會是改善不適的捷徑。因為
每個人的肩膀僵硬原因不盡相同，如果不針對各個原
因採取對策，將很難看見成效。也就是說，即便都是
肩膀僵硬，聳肩的人與垂肩的人要採取的改善方法會
不一樣。

　　接著要跟各位介紹如何確認自己是哪種類型的肩
膀，敬請各位從中摸索如何改善不適症狀。另外，第
6章會介紹肩膀運動，只要各位找到符合自己肩膀類
型的運動項目，便能更輕鬆地獲得成效。

　　確認方法包含了「姿勢確認」與「動作確認」兩部
分。姿勢確認是用眼睛觀察肩膀有無歪斜。動作確認
不看有無歪斜，而是會觀察肌肉是否正常活動。同時
觀察活動的時候與靜止的時候，確認肩膀位置是否正
常，以及活動表現是否正常。

肌肉就有可能一直處於縮短狀態，放任不管的話就會
引起肩膀不適。

　　另外，左右高低不同的「斜肩」也是個問題。當肩
膀左右的高度不同，脊椎就有可能歪斜，使用軀幹肌
肉時出現失衡的機率就增加。不只如此，透過軀幹肌
肉相連的骨盆也會變得歪斜。

姿勢確認

確認不做任何動作的靜止姿勢時的肩膀位置。

確認姿勢，看看肩膀是否處於正常位置。這時要確認
正面觀察時雙肩的高度，以及從側面觀察時的駝背程
度，還有仰躺時脊椎的扭曲情況。

確認這3個姿勢，便能掌握靜止姿勢時的肩膀類型。

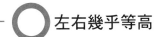 **左右幾乎等高**

✕ 肩膀過高
〔聳肩型〕

左右肩
高度確認（正面站姿）

確認左右邊的高度協調與否。
也就是確認兩邊是否等高。確認等高後，
要再確認雙肩的高度是否過高或過低。

姿勢Check
1

第1章 構成肩膀的骨骼

第2章 構成肩膀的肌肉

第3章 肩膀的運動

第4章 常見的肩膀問題與不適

第5章 肩膀的類型與確認法

第6章 各種肩膀類型的運動

第7章 肩功能改善運動

✕ 肩膀過低
垂肩型

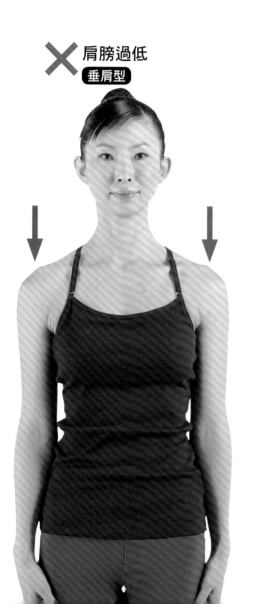

✕ 一邊高、一邊低
斜肩型

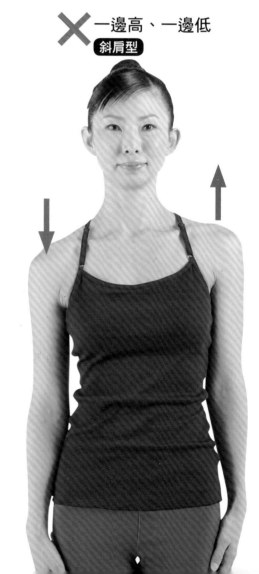

耳朵與肩膀的位置確認（側面站姿）

耳朵孔與肩峰的連線若和地面垂直，
就能確認沒有駝背（圓背）。

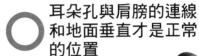

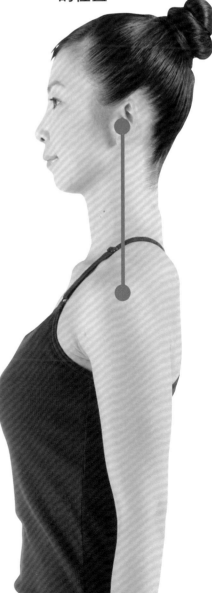

○ 耳朵孔與肩膀的連線和地面垂直才是正常的位置

✕ 肩膀位置比耳朵更前面

駝背型／肩胛骨八字型

肩峰的位置比耳朵孔更前面的話就是駝背（圓背）。
從後方觀察時，肩胛骨會呈「八」字。

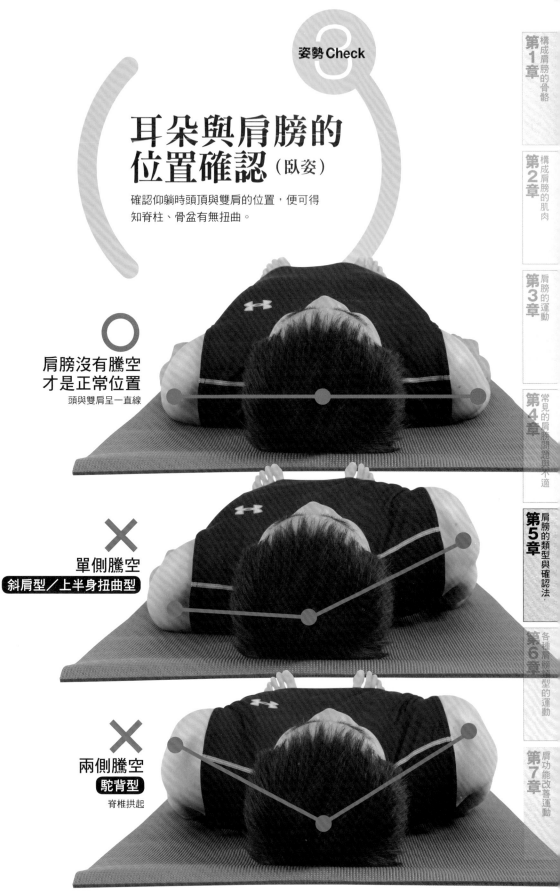

耳朵與肩膀的
位置確認（臥姿）

確認仰躺時頭頂與雙肩的位置，便可得
知脊柱、骨盆有無扭曲。

○
肩膀沒有騰空
才是正常位置
頭與雙肩呈一直線

×
單側騰空
斜肩型／上半身扭曲型

×
兩側騰空
駝背型
脊椎拱起

肩胛骨高度與展開程度確認（背面站姿）

可看出左右邊肌肉在使用上有無不均。舉例來說，手執重物時，習慣用單側持物的人就很容易出現左右落差。這時慣用側的肩膀會上提，肩胛骨變得容易往外展開。

肩胛骨非對稱型
✕ 左右肩高度不同，所以肩胛骨高度與展開程度無法左右對稱

正常

肩胛骨非對稱型
✕ 肩膀高度雖然相同，但脊椎呈彎曲狀，所以肩胛骨高度與展開程度無法左右對稱

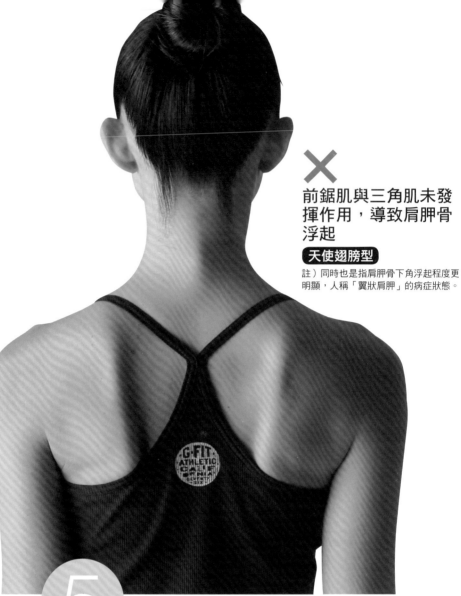

✕

前鋸肌與三角肌未發揮作用，導致肩胛骨浮起

天使翅膀型

註）同時也是指肩胛骨下角浮起程度更明顯，人稱「翼狀肩胛」的病症狀態。

姿勢Check

5

肩胛骨浮起程度確認（背面）

可看出體壁肌肉是否有充分作用。
若前鋸肌未發揮作用，肩胛骨就會浮起。

第1章　構成肩膀的骨骼

第2章　構成肩膀的肌肉

第3章　肩膀的運動

第4章　常見的肩膀問題與不適

第5章　肩膀的類型與確認法

第6章　各種肩膀類型的運動

第7章　肩功能改善運動

動作確認

確認能否在正常的可動範圍內活動肩膀。

透過動作確認肩膀是否能正常活動。無法正常活動時，有可能是該動作的主動肌較弱，或是伸展側的肌肉柔軟度較差，也有可能兩者皆是。這類肌肉不協調的情況會導致肩膀出現不適。

姿勢Check

1

是否能
雙手併攏舉高？

可確認肩帶周圍的所有肌肉是否能正常作用。
手臂能貼在耳朵旁，並將雙手合掌於頭上的話，
就表示肩膀能正常活動。

○

✕
雙臂無法貼近耳朵
手肘彎曲

除了旋轉肌，胸大肌、闊背肌、
前鋸肌等軀幹肌肉的柔軟度也較
為不足。

第1章 構成肩膀的骨骼

第2章 構成肩膀的肌肉

第3章 肩膀的運動

第4章 常見的肩膀問題與不適

第5章 肩膀的類型與確認法 ‧

第6章 各種肩膀類型的運動

第7章 肩功能改善運動

121

✕ 手臂無法貼近耳朵

從正面看起來可以雙手併攏舉
高，但從側面看時，手臂卻是
位於臉的前方。
→除了旋轉肌，胸大肌、闊背
肌、前鋸肌等軀幹肌肉的柔軟
度也較為不足。

✕ 背部拱起

從正面看起來可以雙
手併攏舉高，但從側
面看背部卻拱起。
→駝背的緣故

✕ 腰部反折

從正面看起來可以雙手併攏舉高，
但從側面看腰部卻呈反折狀。
→骨盆肌肉缺乏柔軟度，使得髖關
節無法伸展開來。腹肌群、髂腰肌
的伸展性也較差。

肩胛骨
是否能靠攏？

可確認肩胛骨在體壁上是否能正常活動。

姿勢Check 2

第1章　構成肩膀的骨骼

第2章　構成肩膀的肌肉

第3章　肩膀的運動

第4章　常見的肩膀問題與不適

第5章　肩膀的類型與確認法·

第6章　各種肩膀類型的運動

第7章　肩功能改善運動

✕ **肩胛骨無法靠攏**

靠攏力道不足
→未使用到菱形肌與斜方肌中部。

✕ **肩胛骨無法靠攏**

拮抗肌的柔軟度與伸展性較差
→拉動肩膀向前的肌肉（胸大肌、前鋸肌）拮抗性強（難以伸展），使肩膀無法往後推。

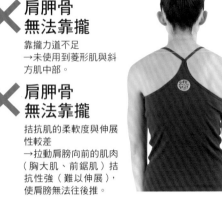

○

123

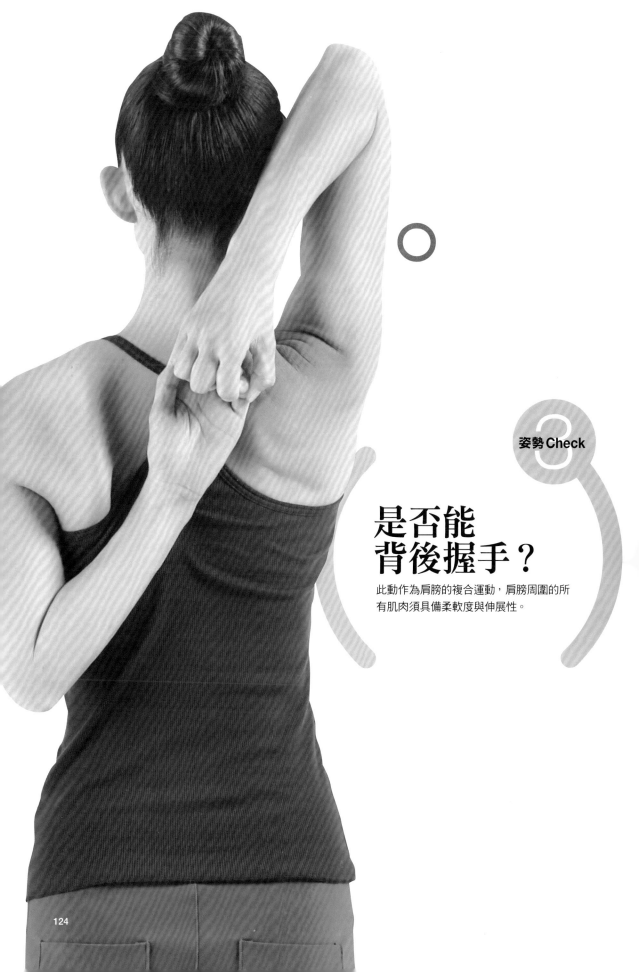

3

是否能
背後握手？

此動作為肩膀的複合運動，肩膀周圍的所
有肌肉須具備柔軟度與伸展性。

✕

**無法背後握手
尤其上面的手無法往下彎**

→大菱形肌與大圓肌缺乏柔軟度，
且前鋸肌較弱，導致肩胛骨不易外
旋。肩胛下肌、肱三頭肌同樣缺乏
柔軟度與伸展性。

✕

**無法背後握手
尤其下面的手無法往上彎**

→負責內旋肌肉的三角肌（前部）與大圓
肌較弱，且肱二頭肌、肱三頭肌、三角肌
（中、後部）同樣缺乏柔軟度與伸展性。

✕

**無法背後握手
上面的手無法往下彎
下面的手也無法舉高**

→包含上述兩種情況。

第1章 構成肩膀的骨骼

第2章 構成肩膀的肌肉

第3章 肩膀的運動

第4章 常見的肩膀問題與不適

第5章 肩膀的類型與確認法

第6章 各種肩膀類型的運動

第7章 肩功能改善運動

不想肩膀僵硬，
就要提升肌肉柔軟度

不少人總會認為，「肌肉量少容易肩膀僵硬」或是「肌肉發達的人較不會肩膀僵硬」，但其實肌肉量多寡與肩膀僵硬並無相關。

肌肉量足夠確實能節省出力，用一樣的方式使用肩膀時比較不容易疲勞，不過肩膀僵硬基本上都是因為肌肉失去柔軟度與伸展性所造成。

即便是肌肉發達的運動選手也會肩膀僵硬。因為在運動或日常動作使用完肌肉後，如果不讓血液充分恢復流動，老廢物質就會囤積，使肌肉柔軟度變差。

另外，脫水也會降低肌肉的柔軟度。平常水分攝取量較少，身體常處於缺水狀態的人，由於肌肉活動度變差，肩膀也就容易僵硬。

無論肌肉量的多寡、垂肩還是聳肩，沒有肩膀僵硬問題的人，就是指「肌肉柔軟、伸展性佳」的人。

© Lichtmeister/Shutterstoc

第6章

各種肩膀類型
的運動

掌握自己的肩膀類型後，
接著要介紹符合各類肩膀的功能改善運動。
有些慢性不良姿勢較難立刻獲得改善，
即便改善幅度不大，仍建議各位每天持續運動，
相信還是能慢慢地感受到姿勢的變化。

1 聳肩型

聳肩本身並不是什麼大問題，但過度聳肩會讓負責上提肩膀的斜方肌緊繃僵硬，導致下壓肩膀的闊背肌無法作用。這時不妨試著放鬆與伸展上提肩膀的肌肉，並強化下壓肩膀的肌肉。

另外，下壓肩膀的肌肉也有可能同時出現緊繃僵硬的情況，若能一起放鬆伸展這些肌肉，將使效果更加顯著。

肩膀上下放鬆 　30秒　P142

甩手臂放鬆 　30秒　P143

蜷起伸展 　30秒　P151

肩膀下壓伸展 　30秒　P151

身體騰空訓練 　60秒　P156

寶特瓶投球訓練 　60秒　P157

② 垂肩型

垂肩本身並不是什麼大問題，但斜方肌過度發達時，垂肩情況看起來會更明顯。提肩胛肌與菱形肌縮短也會形成垂肩。過度垂肩時，不妨做些協調訓練，來放鬆上提與下壓肩膀的肌肉。

第1章 構成肩膀的骨骼

第2章 構成肩膀的肌肉

第3章 肩膀的運動

第4章 常見的肩膀問題與不適

第5章 肩膀的類型與確認法

第6章 各種肩膀類型的運動

第7章 肩功能改善運動

胸部8字放鬆

30秒
P153

壓滾健身球放鬆

60秒
P155

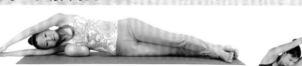

斜向伸展、斜下方伸展

30秒
P160

仰躺健身球伸展

60秒
P161

肩膀上下運動

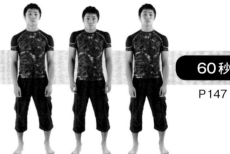

60秒
P147

肩膀上下運動（搭配彈力帶）

60秒
P149

③ 斜肩型──單肩上提

上提的肩膀看起來像聳肩、下壓的肩膀看起來像垂肩，這是因為肌肉緊繃，使肩膀出現高低落差，必須同時讓兩邊放鬆。

當左右肩的肌力有落差時，須視情況進行矯正偏差的肌力訓練組合。

上體8字放鬆　30秒　P144

甩手臂放鬆　30秒　P143

抱頭伸展　30秒　P151

瑜伽柱按摩放鬆　60秒　P175

斜向伸展、斜下方伸展　30秒　P160

肌力強化請參照「提肩、壓肩肌肉的運動」。
肩膀上下運動、寶特瓶投球訓練、壓扁健身球訓練都相當有效果。

4 斜肩型——上半身扭轉

上半身扭轉是因為軀幹肌肉緊繃所導致的左右高低差，所以必須放鬆緊繃的軀幹肌肉，透過伸展調整左右落差。

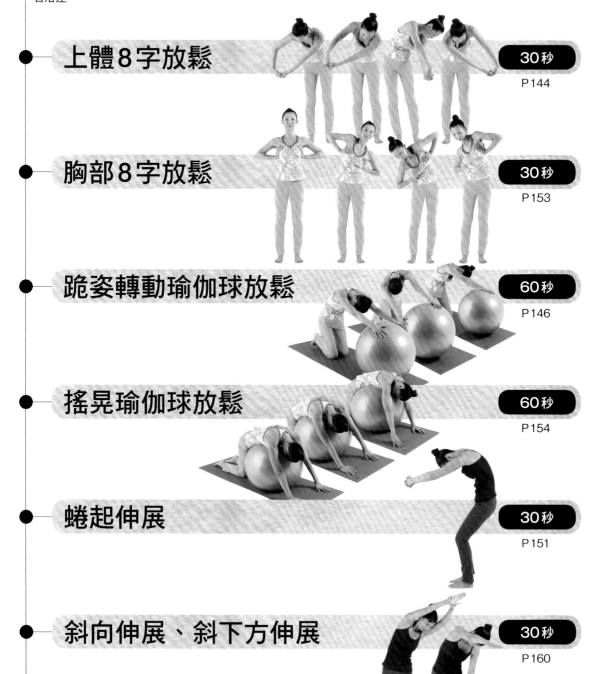

上體8字放鬆　　　30秒　P144

胸部8字放鬆　　　30秒　P153

跪姿轉動瑜伽球放鬆　60秒　P146

搖晃瑜伽球放鬆　　60秒　P154

蜷起伸展　　　　　30秒　P151

斜向伸展、斜下方伸展　30秒　P160

第1章 構成肩膀的骨骼

第2章 構成肩膀的肌肉

第3章 肩膀的運動

第4章 常見的肩膀問題與不適

第5章 肩膀的類型與確認法

第6章 各種肩膀類型的運動

第7章 肩功能改善運動

5 駝背／肩胛骨八字型

駝背是因為胸大肌或前鋸肌緊繃使得肩膀往前拉伸，或是菱形肌與闊背肌沒有發揮作用，導致肩胛骨展開成八字型。

這時不妨舒緩並伸展胸大肌、前鋸肌的緊繃，同時訓練菱形肌與闊背肌，讓肌肉取得協調。

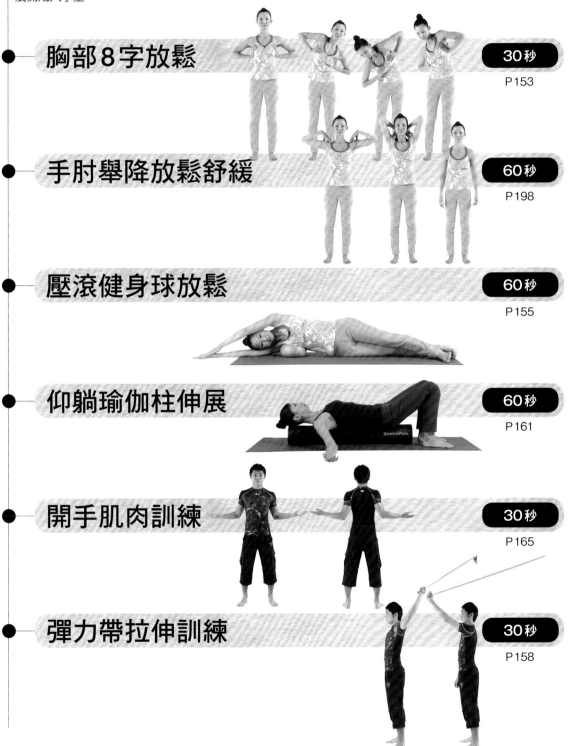

胸部8字放鬆　30秒　P153

手肘舉降放鬆舒緩　60秒　P198

壓滾健身球放鬆　60秒　P155

仰躺瑜伽柱伸展　60秒　P161

開手肌肉訓練　30秒　P165

彈力帶拉伸訓練　30秒　P158

6 肩胛骨非對稱型

因肩胛骨周圍的肌肉處於左右失衡的緊繃狀態所造
成。這時必須放鬆並伸展肩胛骨周圍的肌肉，調整左
右落差。

第1章 構成肩膀的骨骼

第2章 構成肩膀的肌肉

第3章 肩膀的運動

第4章 常見的肩膀問題與不適

第5章 肩膀的類型與確認法

第6章 各種肩膀類型的運動

第7章 肩功能改善運動

頸部前傾放鬆

30秒

P193

甩手臂放鬆

30秒

P143

搖晃健身球放鬆

60秒

P192

勾毛巾伸展

30秒

P170

手背貼合伸展

30秒

P169

肩膀下壓伸展

30秒

P151

胸大肌、闊背肌、前鋸肌等軀幹肌肉缺乏柔軟度所
致，必須放鬆並伸展這些肌肉。

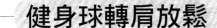

健身球轉肩放鬆

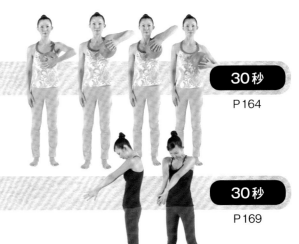

30秒

P164

手背貼合伸展

30秒

P169

壓滾健身球放鬆

60秒

P155

仰躺健身球伸展

60秒

P161

勾毛巾伸展

30秒

P170

抱球伸展

30秒

P170

第1章 構成肩膀的骨骼
第2章 構成肩膀的肌肉
第3章 肩膀的運動
第4章 常見的肩膀問題與不適
第5章 肩膀的類型與確認法
第6章 各種肩膀類型的運動
第7章 肩功能改善運動

8 動作確認2【靠攏肩胛骨】時
肩胛骨無法靠攏

難以靠攏肩胛骨是因為菱形肌與斜方肌中部未發揮作用的關係。還有可能是因為負責拮抗的肌肉，也就是胸大肌與前鋸肌僵硬所導致。當然也有可能兩者皆存在。這時必須放鬆伸展胸大肌與前鋸肌，同時加強菱形肌與斜方肌的肌力。

健身球轉肩放鬆　　　30秒
P164

瑜伽柱按摩放鬆　　　30秒
P175

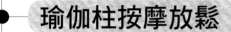

抓握伸展　　　30秒
P178

夾貼瑜伽柱訓練　　　30秒
P166

拉伸健身球訓練　　　30秒
P168

開手肌肉訓練　　　30秒
P165

大菱形肌、大圓肌、肩胛下肌、肱三頭肌缺乏柔軟度，以及前鋸肌較弱，使肩胛骨不易外旋所導致。

上體8字放鬆
30秒
P144

斜向伸展、斜下方伸展
30秒
P160

蜷起伸展
30秒
P151

翻滾瑜伽球伸展
30秒
P189

搖晃瑜伽球放鬆
30秒
P154

壓扁健身球訓練
60秒
P177

10 動作確認3【背後握手】時
下面的手無法往上彎

肱二頭肌、肱三頭肌、三角肌（中、後部）缺乏柔軟度，以及三角肌（前部）、大圓肌較弱，使手臂不易內旋所導致。

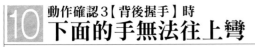

手肘舉降放鬆舒緩
30秒
P198

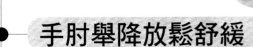

接棒伸展
30秒
P188

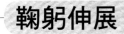

鞠躬伸展
30秒
P190

貼臂訓練
30秒
P184

歡呼訓練
30秒
P187

11 動作確認3【背後握手】時
上面的手無法往下彎，下面的手也無法舉高

可搭配上述9與10的運動項目。

第1章 構成肩膀的骨骼
第2章 構成肩膀的肌肉
第3章 肩膀的運動
第4章 常見的肩膀問題與不適
第5章 肩膀的類型與確認法
第6章 各種肩膀類型的運動
第7章 肩功能改善運動

第 7 章

肩功能改善運動

本章將針對第6章介紹的各種肩膀類型運動，
區分成「放鬆」、「肌力強化」、「伸展」3個主題詳細說明。

什麼是放鬆？

放鬆的目的，是為了確保肌肉（尤其是深層肌肉）與關節的血液循環。

當我們在做放鬆動作時，動作看似簡單，其實當中包含了拉伸延展肌肉、收縮肌肉，以及讓肌肉舒緩，共計結合3項要素。由這些要素組成的「放鬆」能促進血流流至肌肉，如此一來便能將氧氣與營養充分送達至動作部位，改善肌肉的活動度，並為下一次的出力做好準備。

什麼是肌力強化？

肌力強化的目的是讓肌肉具備力量，使神經與肌肉的連結變得更順暢。肌肉收縮帶來的刺激能確保血液循環，訊息才能順利傳達至神經。

身體其實也會節能，認為只要供應日常生活所需的肌力即可，所以不使用的話，就會引起「廢用性」的肌力衰退。

另外，肌力疲弱也意味著缺乏餘力。餘力不足時，一旦出現活動時間拉長、負重變大等超乎預期的情況時，身體就無法充分因應。所以必須透過肌力訓練，讓身體具備餘力，應付各種突發需求。

什麼是伸展？

伸展是指從拉伸到舒緩肌肉的過程。

肌肉拉伸的過程中，會出現一股用以抵抗拉伸的緊繃力（稱作「伸展性收縮」）。當我們舒緩並放鬆肌肉時，血管便會從壓迫中獲得釋放，讓血流瞬間順暢，這就是伸展的作用。

消除肌肉緊繃的方法有2種，分別是先收縮後舒緩，以及先充分伸展後再舒緩。伸展結合了拉伸與舒緩，兩者交互進行會更有效果。

stretch 與 streching 的不同

Strech是英語圈人士在日常生活中經常使用的一般用語，有著撐大、挺起、使緊繃、拉長、延展、範圍、限度、拉緊、使緊張、誇大等非常多元的含意。而在運動及復健範疇中，則是指「拉緊身體肌肉做伸展」。

Streching是strech的現在分詞型態，雖然也是指拉伸、伸展的意思。不過在運動復健範疇中，卻會特別將streching用以指涉「伸展技法」，或是以伸展為主要目的的運動。

本書使用的伸展strech並不侷限於特定技法，而是希望各位能自在地伸展身體，於是選用「strech」來呈現。

伸展的種類

伸展不只包含緩慢的靜態伸展（slow/static streching）、迅速充滿力量的動態（彈震式）伸展（fast/ballistic stretching），還有來自復健範疇，應用PNF原理（本體感覺神經肌肉促進術）的PNF伸展（Proprioceptive Neuromuscular Facilitation streching）共3種。

提肩肌肉的運動

會運動到的主要肌肉＝斜方肌、提肩胛肌、菱形肌

放鬆＝

1 肩膀上下放鬆
2 甩手臂放鬆
3 上體8字放鬆
4 跪姿轉動瑜伽球放鬆

肌力強化＝

1 肩膀上下運動
2 肩膀上下運動（搭配寶特瓶）
3 肩膀上下運動（搭配彈力帶）

伸展＝

1 彎頭伸展
2 抱頭伸展
3 蜷起伸展
4 肩膀下壓伸展

A 提肩肌肉的放鬆

負責上提肩膀的肌肉肌力會比下壓肩膀的肌肉更強，
上提與下壓的肌肉同時繃緊時，
肩膀會稍微往上拉高，
所以必須透過放鬆避免肩膀往上拉。

以胸鎖關節作為支點，試著上下移動鎖骨。

❶放輕鬆站立，
壓住胸鎖關節。

❷邊吸氣邊將
鎖骨往斜上方
拉高，慢慢上
提肩膀。

❸邊吐氣邊將鎖骨
往斜下方拉低，慢
慢下壓肩膀。

A-01

肩膀上下放鬆

　　上提肩膀時，斜方肌、提肩胛肌、菱形肌
會收縮，負責拮抗的闊背肌會伸展。下壓肩
膀時則相反，闊背肌會收縮，斜方肌等肌肉
則會伸展。透過反覆的收縮與伸展將有助血
液流通，放鬆肌肉。

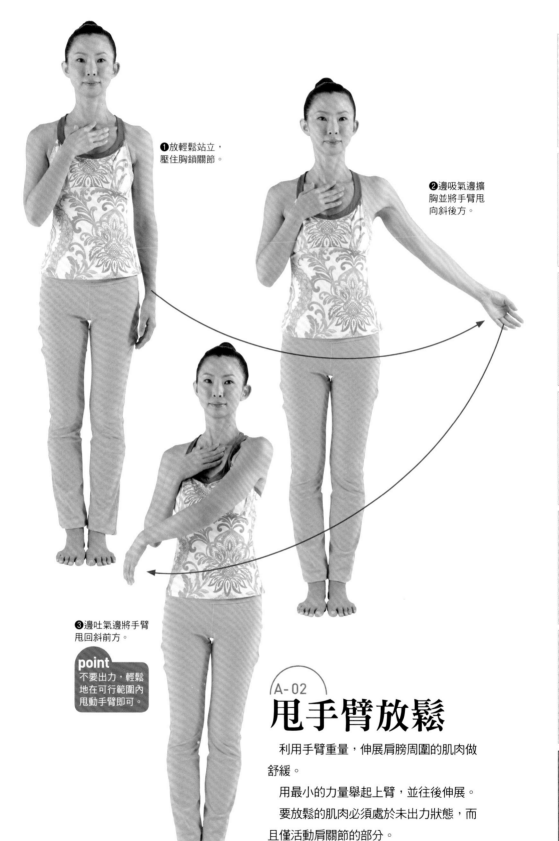

❶放輕鬆站立，
壓住胸鎖關節。

❷邊吸氣邊擴
胸並將手臂甩
向斜後方。

❸邊吐氣邊將手臂
甩回斜前方。

point
不要出力，輕鬆
地在可行範圍內
甩動手臂即可。

A-02

甩手臂放鬆

利用手臂重量，伸展肩膀周圍的肌肉做
舒緩。

用最小的力量舉起上臂，並往後伸展。

要放鬆的肌肉必須處於未出力狀態，而
且僅活動肩關節的部分。

第1章 構成肩膀的骨骼

第2章 構成肩膀的肌肉

第3章 肩膀的運動

第4章 常見的肩膀問題與不適

第5章 肩膀的類型與確認法

第6章 各種肩膀類型的運動

第7章 肩功能改善運動

上體8字放鬆

以放鬆闊背肌、豎脊肌、前鋸肌、肋間肌等周圍肌肉的方式，提升斜方肌、提肩胛肌、菱形肌的血流順暢度。

❷用框起的手臂活動身體，繞畫出8字形。

❶拱起背，用手臂在身體前方框出一個圓。

point

繞畫 8 的時候，要盡量維持住
手臂框出的圓形。
活動時要注意，是否有拉伸到
斜方肌上部與前鋸肌。

❸

❹

第1章　構成肩膀的骨骼

第2章　構成肩膀的肌肉

第3章　肩膀的運動

第4章　常見的肩膀問題與不適

第5章　肩膀的類型與確認法

第6章　各種肩膀類型的運動

第7章　肩功能改善運動

跪姿轉動瑜伽球放鬆

以放鬆闊背肌、豎脊肌、前鋸肌、肋間肌等周圍肌肉的方式，提升斜方肌、提肩胛肌、菱形肌的血流順暢度。

將手臂擺在瑜伽球上就不用承受手臂的重量，做放鬆動作時會更輕鬆。

A-04

❶雙手擺在球上，將球往前推至手肘伸直。

point
勿將體重施加於擺在球上的雙手

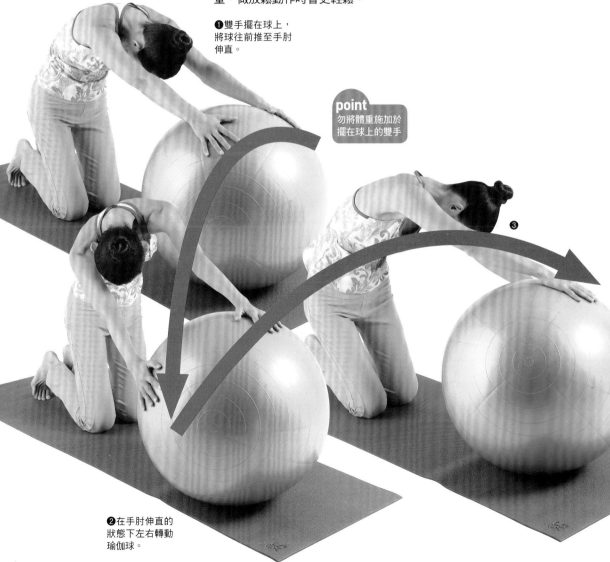

③

❷在手肘伸直的狀態下左右轉動瑜伽球。

146

提肩肌肉的 肌力強化 B

當上提肩膀的肌肉太弱,就表示容易疲累,
這樣會造成肩膀的僵硬與不適。
強化肌力能讓自己具備比日常生活所需更充裕的餘力,
因應非預期的負重,
還能提升排泄老廢物質的代謝力。

第1章 構成肩膀的骨骼

第2章 構成肩膀的肌肉

第3章 肩膀的運動

第4章 常見的肩膀問題與不適

第5章 肩膀的類型與確認法

第6章 各種肩膀類型的運動

第7章 肩功能改善運動

❶站立,左右肩等高。

❷邊吸氣邊緩慢提肩,靜止2～3秒後,吐氣舒緩。每組次數為10～20次,重複3組左右。

point
要確實提起肩膀

❸

B-01
肩膀上下運動

　藉由收縮斜方肌、提肩胛肌、菱形肌的運動達強化效果。同時還能伸展到負責拮抗的闊背肌、胸大肌、胸小肌與前鋸肌。

147

肩膀上下運動
（搭配寶特瓶）

利用寶特瓶的重量，試著增加負重。

❶手持寶特瓶，站立
並讓左右肩等高。

❷邊吸氣邊緩慢提肩，靜
止2～3秒後，吐氣舒緩。

❸

第1章 構成肩膀的骨骼

第2章 構成肩膀的肌肉

第3章 肩膀的運動

第4章 常見的肩膀問題與不適

第5章 肩膀的類型與確認法

第6章 各種肩膀類型的運動

第7章 肩功能改善運動

B-03
肩膀上下運動
（搭配彈力帶）

接著用彈力帶來施予阻力，增加更大的負重。

❶雙手纏繞住彈力帶，並用雙腳踩踏固定。維持此姿勢，接著將彈力帶的長度調整至緊繃狀，站立並讓左右肩等高。

❷邊吸氣邊緩慢提肩，靜止2～3秒後，吐氣舒緩。

point
調整彈力帶的強度能改變負重。

❸

149

提肩肌肉的伸展

C

上提肩膀的肌肉屬於非常容易緊繃的肌肉，
所以須藉由伸展消除緊繃。
如此一來不僅有助肩膀的活動度，
還能促進血液流動，將停滯的氧氣與營養送至肩膀的肌肉。

C-01
彎頸伸展

除了伸展斜方肌上部、提肩胛肌外，還要掌握到胸鎖乳突肌，此伸展將能改善頸椎的活動度。

邊吐氣邊讓頸部側倒，並用手輕輕按壓，左右兩邊都要進行。

point
記住要往正側方傾倒。

150

第1章　構成肩膀的骨骼

第2章　構成肩膀的肌肉

第3章　肩膀的運動

第4章　常見的肩膀問題與不適

第5章　肩膀的類型與確認法

第6章　各種肩膀類型的運動

第7章　肩功能改善運動

C-02

抱頭伸展

伸展豎脊肌群中位於頸部的肌肉
（夾肌、半棘肌等）。

改善頸椎與第一胸椎的活動度。

雙手置於頭後，
邊吐氣邊緩緩將
頸部前傾。

point
利用雙臂的重量，
輕輕地傾倒頸部。

膝蓋微彎，雙手
框出一個大圓，
框起的手要盡量
往前伸。

C-03

蜷起伸展

伸展豎脊肌群當中位於胸部
的肌肉（髂肋肌、最長肌、棘
肌等）。

伸展胸椎與腰椎棘突間的空
間，藉此提升關節活動度。

point
伸展時要微微屈膝，感
覺就像是肚子抱著一顆
大球。

肩膀下壓，感覺
就像是兩掌壓著
地面一樣。

C-04

肩膀下壓伸展

除了伸展斜方肌、提肩胛肌外，還要掌握到棘
上肌。

伸展這些肌肉時，也會收縮並舒緩到闊背肌、
胸大肌下部等負責將肱骨往下壓的肌肉，改善周
圍肌肉的血流。

point
記住要用到闊背
肌，以整個背部
將肩膀下壓。

151

壓肩肌肉的運動

會運動到的主要肌肉＝闊背肌、胸大肌、前鋸肌、胸小肌、鎖骨下肌

放鬆＝

1　胸部8字放鬆
2　搖晃瑜伽球放鬆
3　壓滾健身球放鬆

肌力強化＝

1　身體騰空訓練
2　寶特瓶投球訓練
3　壓扁健身球訓練
4　彈力帶拉伸訓練
5　按壓瑜伽球訓練

伸展＝

1　斜向伸展
2　斜下方伸展
3　仰躺健身球伸展
4　仰躺瑜伽柱伸展

壓肩肌肉
的放鬆

當肩膀僵硬，導致肩膀一直處於上提狀態時，
負責下壓肩膀的肌肉也會變得僵硬，耗損力量。
所以必須放鬆下壓肩膀的肌肉，提升肩膀整體的活動度。

※如果只有下壓肩膀的肌肉感到僵硬，就必須思考骨盆（腰背部）的肌肉是否
也有問題。因為全身的肌肉就像列車般，由筋膜等組織連結在一起。

D-01
胸部
8字放鬆

除了闊背肌、胸大肌、前鋸肌、胸
小肌、鎖骨下肌以外，還可多方向且
立體地活動到軀幹的深層肌肉，以改
善血流，放鬆肌肉。

❸

❹

❶雙手靠壓著
肋骨。

❷維持手擺放的位
置，並用手肘繞畫
8的方式活動整個
胸廓。

point
要記住須活動到比手
靠著身體更上方的部
位。放鬆的同時確實
呼吸，還能透過肋間
肌與橫膈膜讓肋骨跟
著活動。

第**1**章　構成肩膀的骨骼

第**2**章　構成肩膀的肌肉

第**3**章　肩膀的運動

第**4**章　常見的肩膀問題與不適

第**5**章　肩膀的類型與確認法

第**6**章　各種肩膀類型的運動

第**7**章　肩功能改善運動

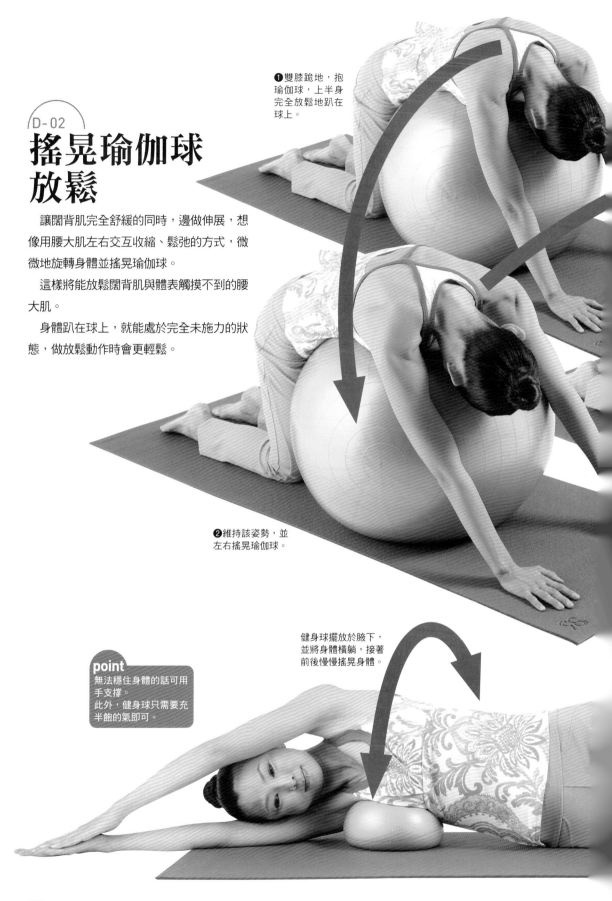

D-02
搖晃瑜伽球
放鬆

　　讓闊背肌完全舒緩的同時，邊做伸展，想像用腰大肌左右交互收縮、鬆弛的方式，微微地旋轉身體並搖晃瑜伽球。

　　這樣將能放鬆闊背肌與體表觸摸不到的腰大肌。

　　身體趴在球上，就能處於完全未施力的狀態，做放鬆動作時會更輕鬆。

❶雙膝跪地，抱瑜伽球，上半身完全放鬆地趴在球上。

❷維持該姿勢，並左右搖晃瑜伽球。

point
無法穩住身體的話可用手支撐。
此外，健身球只需要充半飽的氣即可。

健身球擺放於腋下，並將身體橫躺，接著前後慢慢搖晃身體。

第1章　構成肩膀的骨骼

第2章　構成肩膀的肌肉

第3章　肩膀的運動

第4章　常見的肩膀問題與不適

第5章　肩膀的類型與確認法

第6章　各種肩膀類型的運動

第7章　肩功能改善運動

point
放鬆時，要讓身體完全放鬆地趴在球上。記住貼在地面的手不要刻意去支撐體重。

❸

（D-03）
壓滾健身球放鬆

以按摩前鋸肌和胸廓的方式達到放鬆，並促進血液流動。

將球放入比腋下稍微低的位置，透過健身球做按摩。

身體前後微微搖晃，完全不要施力地放鬆。

155

壓肩肌肉的肌力強化

E

刻意使用負責下壓肩膀的肌肉，
讓肩膀能從上提的施力狀態下，自然切換成放鬆的姿勢。
下壓肩膀的肌肉如果較弱，就很難把肩胛骨固定於體壁，
進而無法穩住活動手臂時負責支撐的肩胛骨。

將身體上拉挺直

point
肩膀勿上提。身體
騰空時，感覺就像
是將頸部拉長。

E-01
身體騰空訓練

強化闊背肌、前鋸肌、胸小
肌、胸大肌下部、鎖骨下肌等。

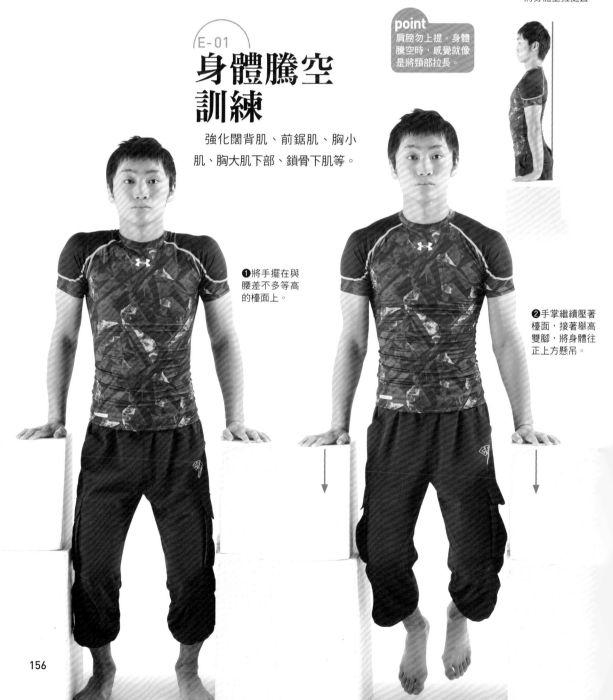

❶將手擺在與
腰差不多等高
的檯面上。

❷手掌繼續壓著
檯面，接著舉高
雙腳，將身體往
正上方懸吊。

第1章　構成肩膀的骨骼

第2章　構成肩膀的肌肉

第3章　肩膀的運動

第4章　常見的肩膀問題與不適

第5章　肩膀的類型與確認法

第6章　各種肩膀類型的運動

第7章　肩功能改善運動

以肱骨為中心，將肩膀到手肘區段盡可能地往後拉。

輕握寶特瓶，做出投球動作。

E-02
寶特瓶投球訓練

交互收縮與伸展闊背肌和胸大肌。

point
將寶特瓶擺在能感受到重量的位置並微幅活動。

挺胸跪坐，挺直手肘，用手掌壓扁健身球。

E-03
壓扁健身球訓練

強化闊背肌與前鋸肌。

point
下壓時，須注意左右兩邊的力量要均等。

157

❶將彈力帶末端固定於比背部還要高的位置。手肘伸直，站立於能稍微將彈力帶拉緊的位置。

❷將彈力帶往前下拉。手臂也要往前移動，感覺就像是將肩膀往下拉。

彈力帶拉伸訓練

交互收縮與伸展闊背肌和胸大肌。

還能同時強化胸小肌與鎖骨下肌，加強支撐肩膀的肌肉。

point

要將手臂舉至能夠使用到闊背肌的方向。

如果無法掌握是否有使用到闊背肌，動作時可用另一手觸摸闊背肌做確認。

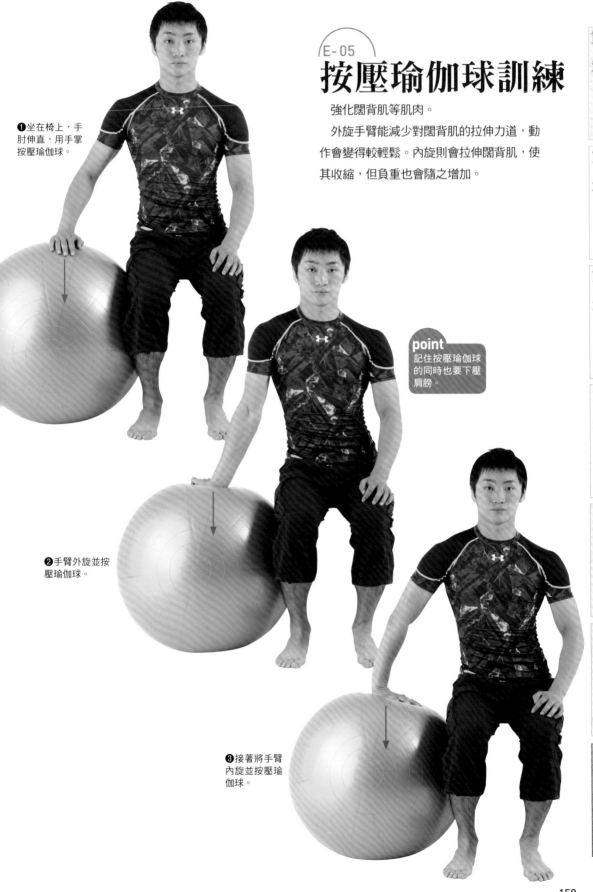

第1章 構成肩膀的骨骼

第2章 構成肩膀的肌肉

第3章 肩膀的運動

第4章 常見的肩膀問題與不適

第5章 肩膀的類型與確認法

第6章 各種肩膀類型的運動

第7章 肩功能改善運動

E-05
按壓瑜伽球訓練

強化闊背肌等肌肉。

外旋手臂能減少對闊背肌的拉伸力道，動作會變得較輕鬆。內旋則會拉伸闊背肌，使其收縮，但負重也會隨之增加。

❶坐在椅上，手肘伸直，用手掌按壓瑜伽球。

point
記住按壓瑜伽球的同時也要下壓肩膀。

❷手臂外旋並按壓瑜伽球。

❸接著將手臂內旋並按壓瑜伽球。

壓肩肌肉的伸展

讓我們一起伸展壓肩肌肉，
預防肩膀僵硬。
要特別針對背部的大塊肌肉，
也就是闊背肌做伸展。
伸展闊背肌能改善肩膀整體的活動度，
讓手臂更容易上舉。
伸展還有助血液流動，
將停滯的氧氣與營養送至肩膀的肌肉，
為下個運動做好準備。

F-01
斜向伸展

主要會伸展到闊背肌。

其中更充分拉伸闊背肌
上部，展開整個肋間。

point
伸展的感覺會隨著手拉伸
的方向改變。各位不妨也
試著變化拉伸方向。

手擺在微彎的膝蓋上，
另一手往斜前下方拉直
伸展。

F-02
斜下方伸展

斜向伸展的變化姿勢。能伸展到闊背
肌起點。

point
伸展的感覺會隨著手
拉伸的方向改變。各
位不妨也試著變化拉
伸方向。

第1章 構成肩膀的骨骼

第2章 構成肩膀的肌肉

第3章 肩膀的運動

第4章 常見的肩膀問題與不適

第5章 肩膀的類型與確認法

第6章 各種肩膀類型的運動

第7章 肩功能改善運動

F-03

仰躺健身球伸展

利用健身球的彈力讓身體舒服地完全舒緩，並拉伸胸大肌。

此動作能夠伸展到胸大肌以及透過肋骨與鎖骨連動的胸小肌和鎖骨下肌。

另也可以按摩到背部肌肉。

仰躺並將健身球置於肩胛骨之間。手臂攤開不要出力，找出能拉伸胸部肌肉的位置。

point
肩膀勿上提，必須完全放鬆。

健身球只需要充半飽的氣即可。

F-04

仰躺瑜伽柱伸展

接著是搭配瑜伽柱做伸展。此動作不僅能訓練平衡感，還能完全舒緩地伸展胸大肌。

可利用瑜伽柱的高度，充分地伸展胸大肌。

point
肩膀勿上提，須完全放鬆。

坐在瑜伽柱一端，躺下並讓脊椎與頭部貼在瑜伽柱上。
手臂不要出力，攤放於左右兩側，邊維持平衡，邊找出
能拉伸胸部肌肉的位置。

靠攏肩胛骨的肌肉運動

會運動到的主要肌肉＝斜方肌中部、菱形肌、闊背肌

放鬆＝
1 轉肩放鬆
2 健身球轉肩放鬆

肌力強化＝
1 開手肌肉訓練
2 夾貼瑜伽柱訓練
3 夾貼健身球訓練
4 拉伸健身球訓練
5 拉伸彈力帶訓練

伸展＝
1 手背貼合伸展
2 勾毛巾伸展
3 抱球伸展

靠攏肩胛骨的肌肉放鬆

肩胛骨其實會習慣性往內收，但如果肩膀周圍的肌肉僵硬，肩胛骨就會外展或稍微外旋。（這時肱骨就會有點屈曲、內旋，上體同樣會有點屈曲）。

會出現這樣的情況，其中一個理由是肌肉本身「自然緊繃」的強度差異。

肌肉會自然緊繃，所以肩膀周圍的肌肉呈僵硬狀時，內收力道就會在輸給外展力道的狀態下變僵硬，使肩胛骨看起來有點外展。

闊背肌不僅是從軀幹延伸至肱骨的肌肉，在肩胛骨的下角更有筋膜覆蓋，所以也會與筋膜相連。每個人的肩胛骨下角都會帶有細細的肌束，雖然有部分人比較沒有那麼明顯。當闊背肌僵硬，變得無力時，往肩膀後下方的活動範圍也會受限，這時有點呈現外展狀態的肩胛骨就會隨之僵硬。這麼一來，不止是手臂活動，就連原本應該要能滑動的肩胛骨也會變得無法動彈，連帶使得肩胛骨的活動受限。這時不妨將手臂與肩膀往後拉，放鬆靠攏肩胛骨的肌肉，便能改善肩膀的活動度。

什麼是自然緊繃？

活體人類的肌肉會微微緊繃收縮，處於隨時都能活動的狀態，可稱為肌肉的自然緊繃。針對軀幹（包含上肢帶、下肢帶）部份，此自然緊繃的強度表現會是屈曲＞伸展、外展＞內收、外旋＞內旋，針對自由上肢的部分則是屈曲＞伸展、內旋＞外旋的強度表現。

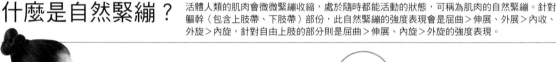

G-01
轉肩放鬆

在可活動的範圍內用肩膀周圍的肌肉做畫圓運動，藉此改善血流狀況，獲得放鬆。

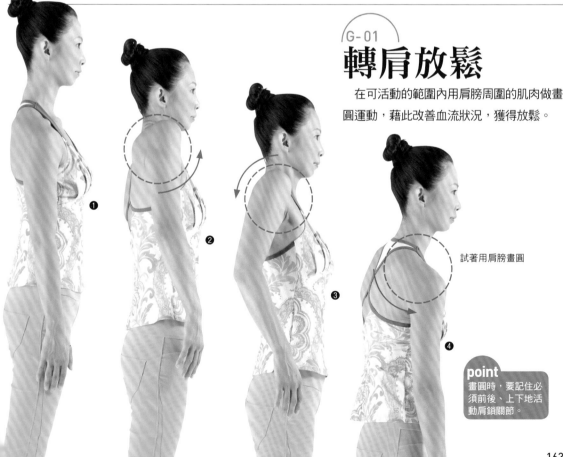

❶ ❷ ❸ ❹

試著用肩膀畫圓

point
畫圓時，要記住必須前後、上下地活動肩鎖關節。

第1章　構成肩膀的骨骼

第2章　構成肩膀的肌肉

第3章　肩膀的運動

第4章　常見的肩膀問題與不適

第5章　肩膀的類型與確認法

第6章　各種肩膀類型的運動

第7章　肩功能改善運動

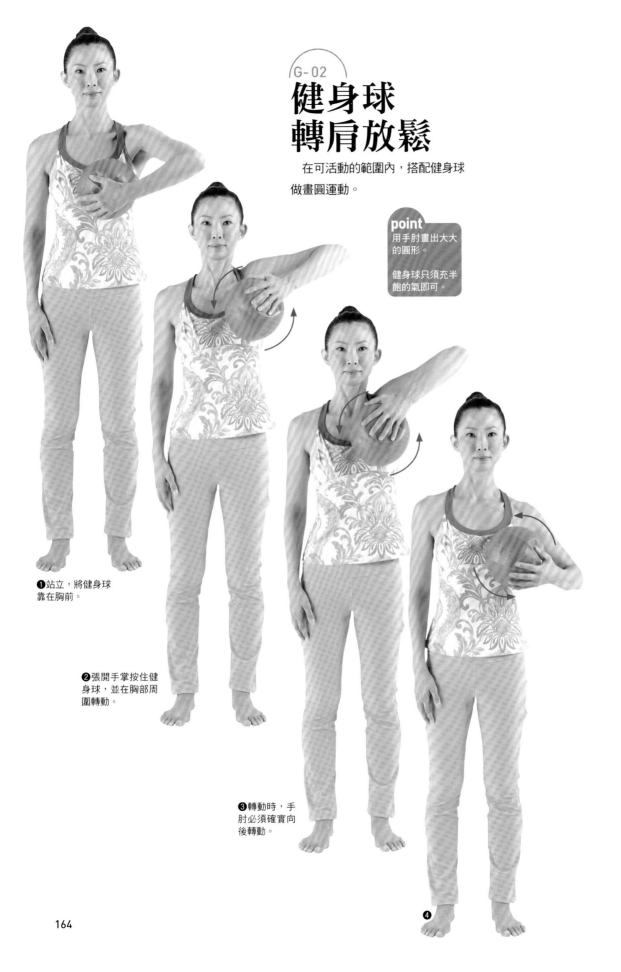

健身球
轉肩放鬆

在可活動的範圍內，搭配健身球
做畫圓運動。

point
用手肘畫出大大
的圓形。

健身球只須充半
飽的氣即可。

❶站立，將健身球
靠在胸前。

❷張開手掌按住健
身球，並在胸部周
圍轉動。

❸轉動時，手
肘必須確實向
後轉動。

❹

164

靠攏肩胛骨的肌力強化

強化負責靠攏肩胛骨的肌肉，
讓容易外展的肩胛骨維持在正確位置。
強化肌肉還能預防駝背。

H-01
開手肌肉訓練

強化斜方肌與菱形肌。
另外也能伸展負責拮抗的
胸大肌與前鋸肌。

雙肘彎成90°並置於腋
下，手掌朝上站立。

固定手肘位置，只要
把手往後拉即可。
10～20次為一組，
重複3組左右。

point
注意不可上提雙肩，
同時固定手肘位置。

第1章 構成肩膀的骨骼
第2章 構成肩膀的肌肉
第3章 肩膀的運動
第4章 常見的肩膀問題與不適
第5章 肩膀的類型與確認法
第6章 各種肩膀類型的運動
第7章 肩功能改善運動

夾貼瑜伽柱訓練

　　讓肩胛骨的內收幅度大於外展幅度。強化菱形肌與闊背肌的同時，還能伸展負責拮抗的胸大肌與前鋸肌。

※本運動講究的效果與瑜伽柱業者推崇的內容不同。使用道具時，只要改變想法與姿勢，就能練到不同的肌肉。肩胛骨外展時會活動到胸大肌與前鋸肌，內收時則會用到菱形肌和闊背肌，所以訓練時要更講究內收的幅度。

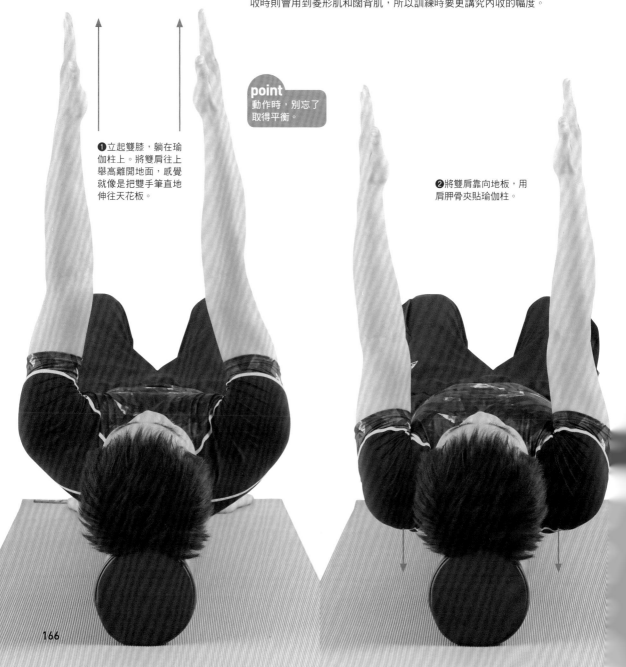

point
動作時，別忘了取得平衡。

❶立起雙膝，躺在瑜伽柱上。將雙肩往上舉高離開地面，感覺就像是把雙手筆直地伸往天花板。

❷將雙肩靠向地板，用肩胛骨夾貼瑜伽柱。

第1章 構成肩膀的骨骼

第2章 構成肩膀的肌肉

第3章 肩膀的運動

第4章 常見的肩膀問題與不適

第5章 肩膀的類型與確認法

第6章 各種肩膀類型的運動

第7章 肩功能改善運動

H-03

夾貼健身球訓練

讓肩胛骨的內收幅度大於外展幅度。此訓練
不僅能強化菱形肌與闊背肌，還能伸展到拮抗
肌的胸大肌與前鋸肌。

❶躺平，將健身球置於肩
胛骨之間，立起雙膝。

point
動作時別忘了在健
身球上取得平衡。

❷將雙肩下壓靠向地
板，夾貼住健身球。

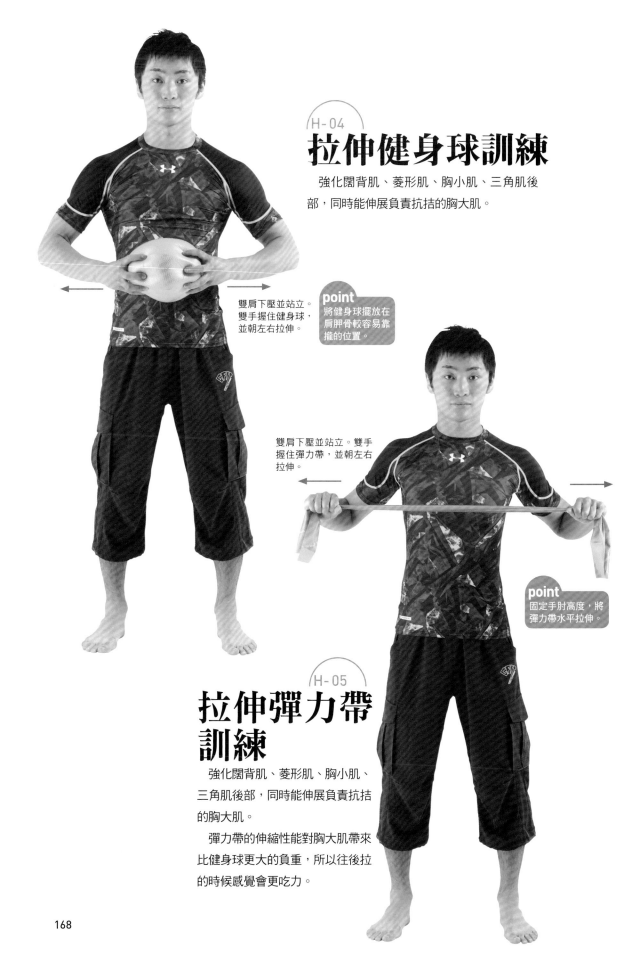

拉伸健身球訓練

強化闊背肌、菱形肌、胸小肌、三角肌後部，同時能伸展負責抗拮的胸大肌。

雙肩下壓並站立。雙手握住健身球，並朝左右拉伸。

point
將健身球擺放在肩胛骨較容易靠攏的位置。

雙肩下壓並站立。雙手握住彈力帶，並朝左右拉伸。

point
固定手肘高度，將彈力帶水平拉伸。

拉伸彈力帶訓練

強化闊背肌、菱形肌、胸小肌、三角肌後部，同時能伸展負責抗拮的胸大肌。

彈力帶的伸縮性能對胸大肌帶來比健身球更大的負重，所以往後拉的時候感覺會更吃力。

靠攏肩胛骨的肌肉伸展

負責靠攏肩胛骨的肌肉很容易被遺忘，
所以務必確實伸展這些肌肉。
如果靠攏肩胛骨的肌肉僵硬，
應該要跟著手臂一起連動的肩胛骨也會
受到影響無法活動，
使肩膀活動受限。
伸展不只能改善活動度，
還能促進血液流動，
將停滯的氧氣與營養送至肩膀的肌肉。

手背貼合伸展

　　伸展斜方肌中部，菱形肌、闊背
肌等肌肉，還能收縮負責拮抗的前
鋸肌。改善肩胛骨的滑動表現，就
能改善肩膀活動度。

point
找出肩胛骨所能展開
的最大極限。

身體前傾，貼合手
背，並將手臂往斜
下方伸直。

動作時要記得
拉開肩胛骨。

第1章　構成肩膀的骨骼

第2章　構成肩膀的肌肉

第3章　肩膀的運動

第4章　常見的肩膀問題與不適

第5章　肩膀的類型與確認法

第6章　各種肩膀類型的運動

第7章　肩功能改善運動

勾毛巾伸展

伸展闊背肌，尤其是闊背肌上部。

藉此改善肩胛骨的滑動表現。

拱起背部，將毛巾調整
至能夠拉開肩胛骨的長
度。手腳並用勾拉住毛
巾，讓肩胛骨外展。

point
務必將毛巾調整至
適當長度。

I-03

抱球伸展

除了斜方肌起點、菱形肌、闊背肌外，還能伸
展到背肌。

完全放鬆不要出力，讓身體趴在瑜伽球上，手
臂也完全放鬆，肩膀垂放，將有助肩胛骨外展。

point
下巴貼著瑜伽球，能讓
頸部放鬆，達到完全不
出力的狀態。

雙膝跪地，上半身趴
在瑜伽球上。利用球
的圓弧拉伸上體。

展開肩胛骨的
肌肉運動

4

會運動到的主要肌肉＝前鋸肌、胸小肌

放鬆＝
1 胸部放鬆舒緩
2 抓握胸部放鬆
3 瑜伽柱按摩放鬆

肌力強化＝
1 合掌訓練
2 按壓瑜伽球訓練
3 壓扁健身球訓練

伸展＝
1 擴胸伸展
2 抓握伸展

展開肩胛骨的肌肉放鬆

如果負責展開肩胛骨的肌肉變僵硬，再加上經由鎖骨對肩膀屈曲的力道變強，
那麼左右兩邊的肩胛骨距離就會拉開，導致肩胛骨持續呈現外展、外旋狀態。
其實這也是駝背者較常見的情況。
所以除了前鋸肌、胸小肌外，也要一起放鬆和肩胛骨外展有間接相關的胸大肌、
鎖骨下肌與肱骨旋轉肌，
改善肱骨活動度，預防肩胛骨過度外展或外旋。
已經駝背的人也能輕鬆做這項矯正動作。

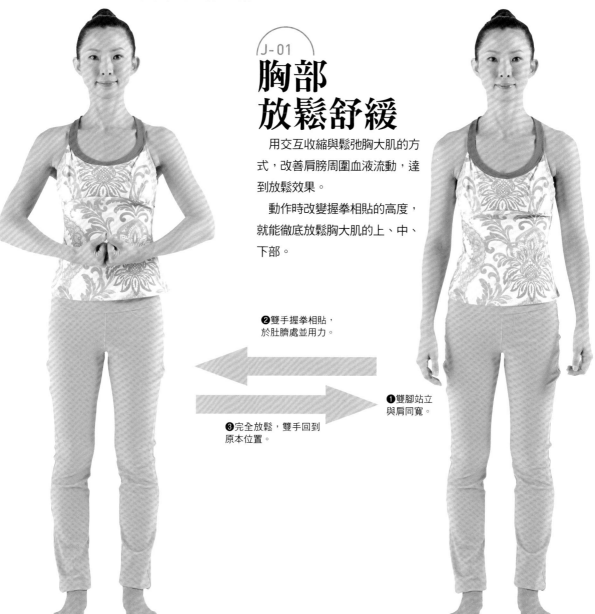

J-01

胸部
放鬆舒緩

　用交互收縮與鬆弛胸大肌的方式，改善肩膀周圍血液流動，達到放鬆效果。

　動作時改變握拳相貼的高度，就能徹底放鬆胸大肌的上、中、下部。

❷雙手握拳相貼，
於肚臍處並用力。

❶雙腳站立
與肩同寬。

❸完全放鬆，雙手回到
原本位置。

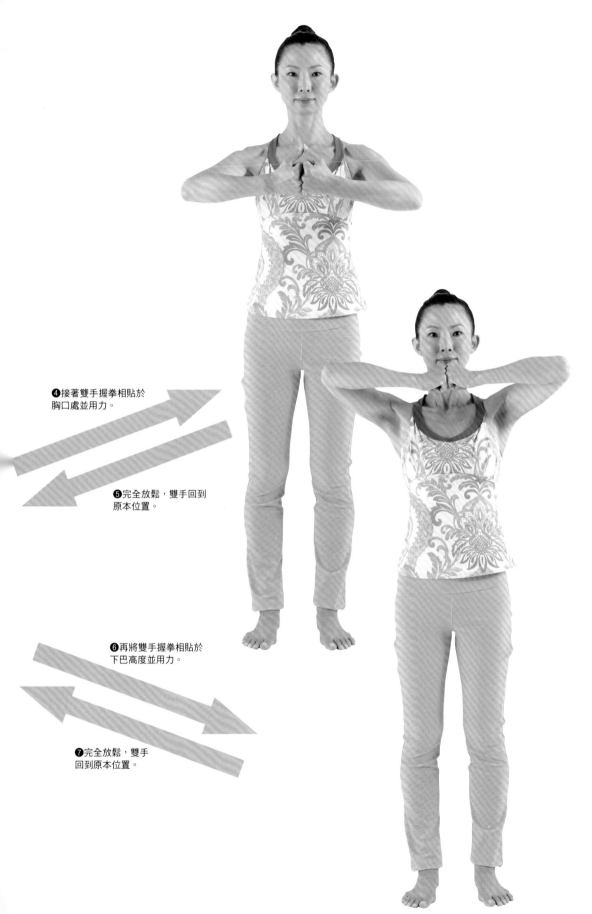

❹接著雙手握拳相貼於
胸口處並用力。

❺完全放鬆，雙手回到
原本位置。

❻再將雙手握拳相貼於
下巴高度並用力。

❼完全放鬆，雙手
回到原本位置。

第1章 構成肩膀的骨骼

第2章 構成肩膀的肌肉

第3章 肩膀的運動

第4章 常見的肩膀問題與不適

第5章 肩膀的類型與確認法

第6章 各種肩膀類型的運動

第7章 肩功能改善運動

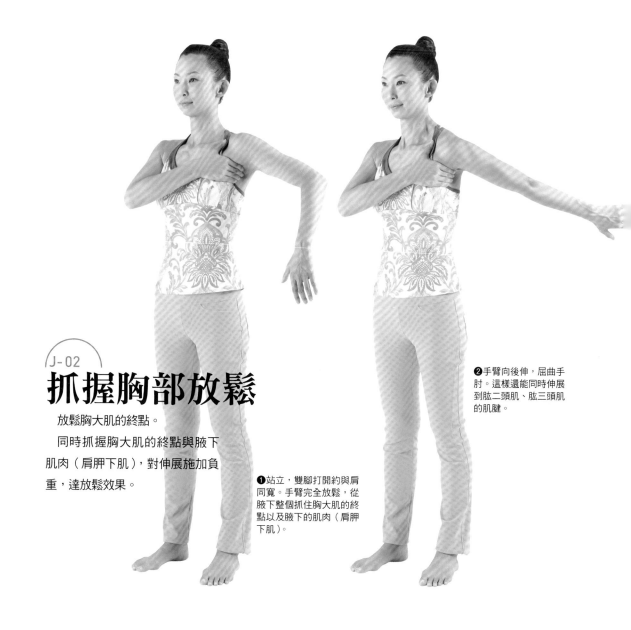

抓握胸部放鬆

放鬆胸大肌的終點。

同時抓握胸大肌的終點與腋下肌肉（肩胛下肌），對伸展施加負重，達放鬆效果。

❶站立，雙腳打開約與肩同寬。手臂完全放鬆，從腋下整個抓住胸大肌的終點以及腋下的肌肉（肩胛下肌）。

❷手臂向後伸，屈曲手肘。這樣還能同時伸展到肱二頭肌、肱三頭肌的肌腱。

使用半圓瑜伽柱。
將瑜伽柱置於腋下，緩緩搖晃身體按摩。

174

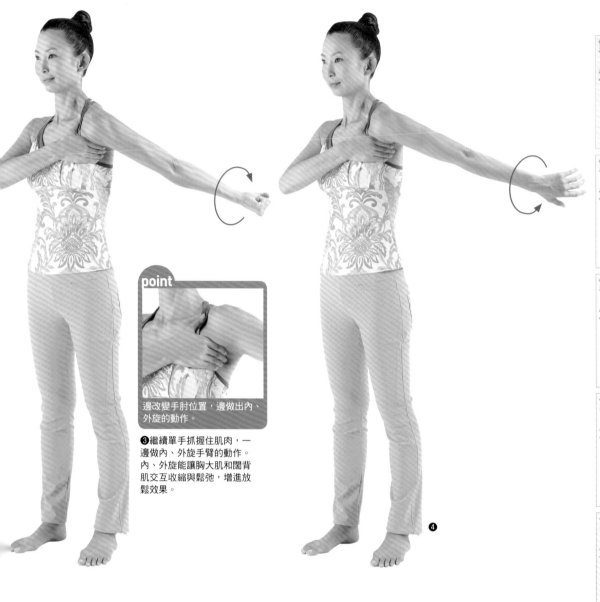

第1章 構成肩膀的骨骼

第2章 構成肩膀的肌肉

第3章 肩膀的運動

第4章 常見的肩膀問題與不適

第5章 肩膀的類型與確認法

第6章 各種肩膀類型的運動

第7章 肩功能改善運動

point

邊改變手肘位置，邊做出內、外旋的動作。

❸繼續單手抓握住肌肉，一邊做內、外旋手臂的動作。內、外旋能讓胸大肌和闊背肌交互收縮與鬆弛，增進放鬆效果。

❹

J-03
瑜伽柱按摩放鬆

可以放鬆胸大肌終點、前鋸肌、大圓肌、小圓肌、肩胛下肌等。

point
如果使用瑜伽柱會造成不適，亦可改將健身球置於腋下。

展開肩胛骨的
肌力強化

負責外展肩胛骨的肌肉與內收的肌肉協調性非常重要。
一旦兩者失衡，肩胛骨將難以固定在體壁，
導致肩胛骨無法滑動，有礙活動度表現。
這時就必須強化肌肉，讓容易外展的肩胛骨維持在正確位置，
同時還能預防駝背。

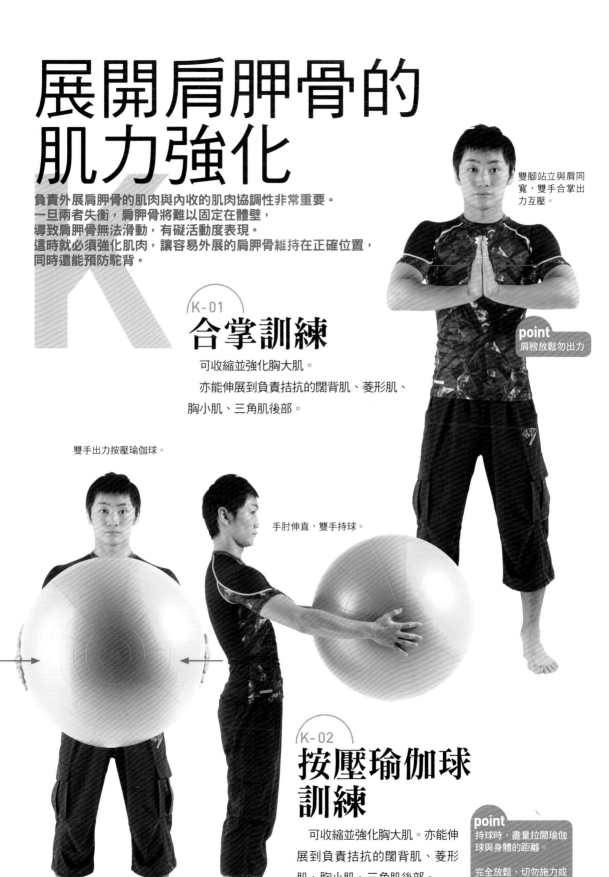

雙腳站立與肩同寬，雙手合掌出力互壓。

K-01
合掌訓練

可收縮並強化胸大肌。
亦能伸展到負責拮抗的闊背肌、菱形肌、胸小肌、三角肌後部。

point
肩膀放鬆勿出力

雙手出力按壓瑜伽球。

手肘伸直，雙手持球。

K-02
按壓瑜伽球
訓練

可收縮並強化胸大肌。亦能伸展到負責拮抗的闊背肌、菱形肌、胸小肌、三角肌後部。

point
持球時，盡量拉開瑜伽球與身體的距離。
完全放鬆，切勿施力或聳肩。

176

K-03
壓扁健身球訓練

可收縮並強化胸大肌。

亦能伸展到負責拮抗的闊背肌、菱形肌、
胸小肌、三角肌後部。

改變健身球位置，就能徹底強化胸大肌的
上、中、下部。

❶雙手持球於胸
前，左右手均勻
出力壓球。

❷邊壓球，
邊伸直手肘。

❸邊均勻出力壓球，
邊往上伸直手肘。

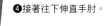

❹接著往下伸直手肘。

point
雙肩下壓，盡量拉開瑜伽球
與身體的距離。

上下移動的同時，雙手要持
續壓扁健身球。

第1章　構成肩膀的骨骼

第2章　構成肩膀的肌肉

第3章　肩膀的運動

第4章　常見的肩膀問題與不適

第5章　肩膀的類型與檢查法

第6章　各種肩膀類型的運動

第7章　肩功能改善運動

177

展開肩胛骨的肌肉伸展

姿勢駝背的人，大多會有肩胛骨外展的情況。
這時就必須拉伸展開肩胛骨的肌肉，達到完全的舒緩放鬆。
這些伸展不僅能改善活動度，還能促進血液流動，
將停滯的氧氣與營養送至肩膀的肌肉，
為下個運動做好出力的準備。

雙腳站立與肩同寬。手掌朝上，張開雙手，讓胸部有拉伸到的感覺。

L-01
擴胸伸展

能伸展到胸大肌等部位，亦可收縮負責拮抗的斜方肌中部、菱形肌與闊背肌。

L-02
抓握伸展

能確實做出擴胸伸展後，可搭配此動作提升伸展度。

point
手握靠固定於牆壁並擴胸。改變手的高低位置，就能徹底伸展到胸大肌的上、中、下部以及上臂肌肉。

point
將手臂往能後下方展開，讓胸大肌有拉伸到的感覺。
伸展手臂，讓自己能輕鬆地深呼吸。

如果過程中手臂有抽筋的感覺，則可屈起手肘做伸展。但若能伸直手肘的話，就能同時伸展到從肩膀延伸至前臂的雙關節肌，也就是肱二頭肌。

此外，壓肩伸展中有提到的仰躺健身球伸展與仰躺瑜伽柱伸展（參照P.161）也都非常有效果。

5 活動上臂肌肉的運動

會運動到的主要肌肉＝三角肌、肱二頭肌、
肱三頭肌、喙肱肌、大圓肌、
小圓肌、肩胛下肌、棘上肌、
棘下肌、闊背肌、胸大肌

放鬆＝
1 手臂內外旋放鬆
2 前後甩手臂放鬆
3 轉手臂放鬆
4 胸前轉手臂放鬆

肌力強化＝
1 貼臂訓練
2 開臂訓練
3 手臂水平訓練
4 上下擺動訓練
5 歡呼訓練

伸展＝
1 接棒伸展
2 趴桌伸展
3 趴桌伸展（搭配健身球）
4 翻滾瑜伽球伸展
5 鞠躬伸展

活動上臂的
肌肉放鬆

肩胛骨在做3軸活動時，需要用到許多肌肉。
尤其是和上臂旋轉運動相關的旋轉肌群，
這些肌肉不僅影響到肩關節的活動度，
還能拉近肱骨頭和肩胛骨關節盂的距離，有助肩膀的穩定度。
一旦這些肌肉變僵硬，上臂的活動度就會受限，
所以必須放鬆肌肉，確保肩膀的可動範圍。

❶放鬆站立，手掌朝下，
雙手伸直。

❷將前臂旋後，
使肱骨外旋。

❸將前臂旋前，
使肱骨內旋。

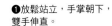

手臂內外旋放鬆

　透過手臂的內旋與外旋，放鬆三角肌前後部、大圓
肌、小圓肌、棘上肌、棘下肌。

　內旋時，三角肌前部、喙肱肌、肩胛下肌會收縮；
外旋時，與這些肌肉拮抗的三角肌後部、棘下肌、小
圓肌、棘上肌則會收縮。透過反覆的收縮與伸展，促
進血液流動，達放鬆效果。

point
要充分扭轉到手臂根部。
動作時，留意手肘勿彎。

❶站立，一手壓住肩鎖關節。

❷將按住關節的手臂伸直，並前後擺動。

❸

❹慢慢加大擺動幅度。

❺

point
兩臂都以相同方式進行。

M-02
前後甩手臂放鬆

　　活動時會完全放鬆三角肌前後部、肩胛下肌、大圓肌、小圓肌、棘下肌等。

　　擺動手臂的動作能藉由三角肌前部、喙肱肌、肩胛下肌屈曲肱骨，再利用反作用力達舒緩放鬆，使手臂形成鐘擺運動。

　　利用手臂重量增加擺動幅度的話，還能拉大可動範圍，提升放鬆效果。

第1章　構成肩膀的骨骼

第2章　構成肩膀的肌肉

第3章　肩膀的運動

第4章　常見的肩膀問題與不適

第5章　肩膀的類型與確認法

第6章　各種肩膀類型的運動

第7章　肩功能改善運動

point
利用手臂的重量與
離心力轉圈。

轉圈愈大愈好。

❸將手臂依照後方
→正上方→前方的
順序繞轉一圈。

❷

❹

❶一手壓住肩鎖
關節，大幅度地
轉動手臂。

M-03
轉手臂放鬆

「前後甩手臂放鬆」的變化姿勢。
大幅度地轉動手臂來放鬆。

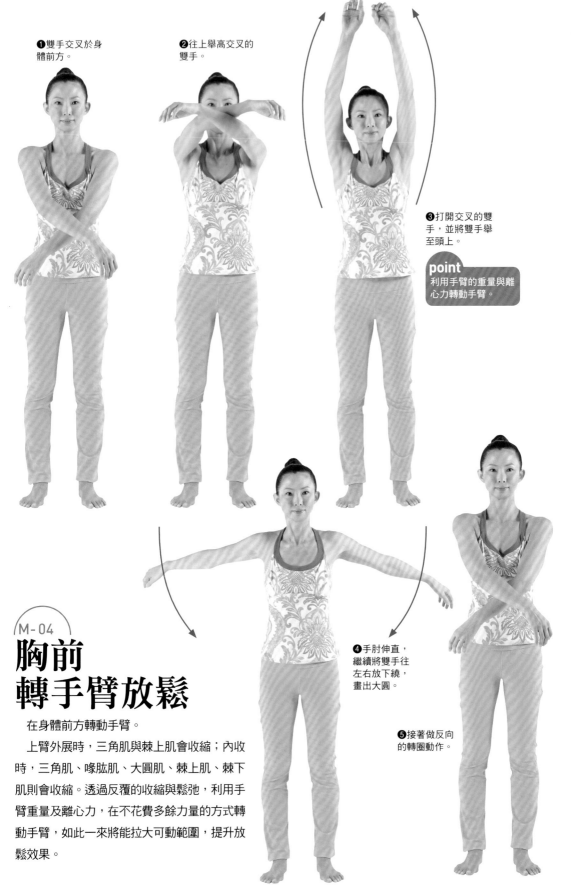

❶雙手交叉於身體前方。

❷往上舉高交叉的雙手。

❸打開交叉的雙手,並將雙手舉至頭上。

point
利用手臂的重量與離心力轉動手臂。

❹手肘伸直,繼續將雙手往左右放下繞,畫出大圓。

❺接著做反向的轉圈動作。

M-04
胸前轉手臂放鬆

在身體前方轉動手臂。

上臂外展時,三角肌與棘上肌會收縮;內收時,三角肌、喙肱肌、大圓肌、棘上肌、棘下肌則會收縮。透過反覆的收縮與鬆弛,利用手臂重量及離心力,在不花費多餘力量的方式轉動手臂,如此一來將能拉大可動範圍,提升放鬆效果。

第1章 構成肩膀的骨骼

第2章 構成肩膀的肌肉

第3章 肩膀的運動

第4章 常見的肩膀問題與不適

第5章 肩膀的類型與確認法

第6章 各種肩膀類型的運動

第7章 肩功能改善運動

活動上臂的肌力強化

日常生活中許多作業都會使用到手臂。
就讓我們好好鍛鍊負責活動間關節的肌肉，
為肌肉備妥各種日常活動所需的餘力。

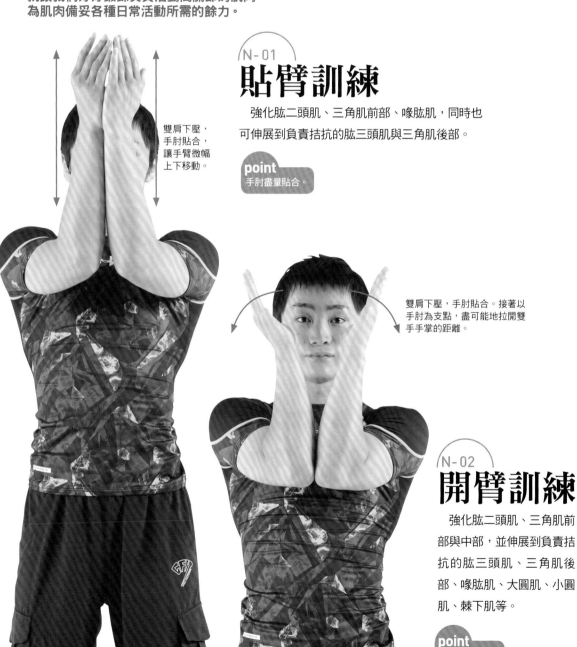

N-01 貼臂訓練

強化肱二頭肌、三角肌前部、喙肱肌，同時也可伸展到負責拮抗的肱三頭肌與三角肌後部。

point 手肘盡量貼合。

雙肩下壓，
手肘貼合，
讓手臂微幅
上下移動。

雙肩下壓，手肘貼合。接著以
手肘為支點，盡可能地拉開雙
手手掌的距離。

N-02 開臂訓練

強化肱二頭肌、三角肌前部與中部，並伸展到負責拮抗的肱三頭肌、三角肌後部、喙肱肌、大圓肌、小圓肌、棘下肌等。

point 手肘盡量貼合。

手臂水平訓練

可強化三角肌、棘下肌、小圓肌、大圓肌、喙肱肌，並伸展到負責拮抗的胸大肌。

雙肩下壓，手掌朝下，讓手肘與手掌保持水平。

第1章 構成肩膀的骨骼

第2章 構成肩膀的肌肉

第3章 肩膀的運動

第4章 常見的肩膀問題與不適

第5章 肩膀的類型與確認法

第6章 各種肩膀類型的運動

第7章 肩功能改善運動

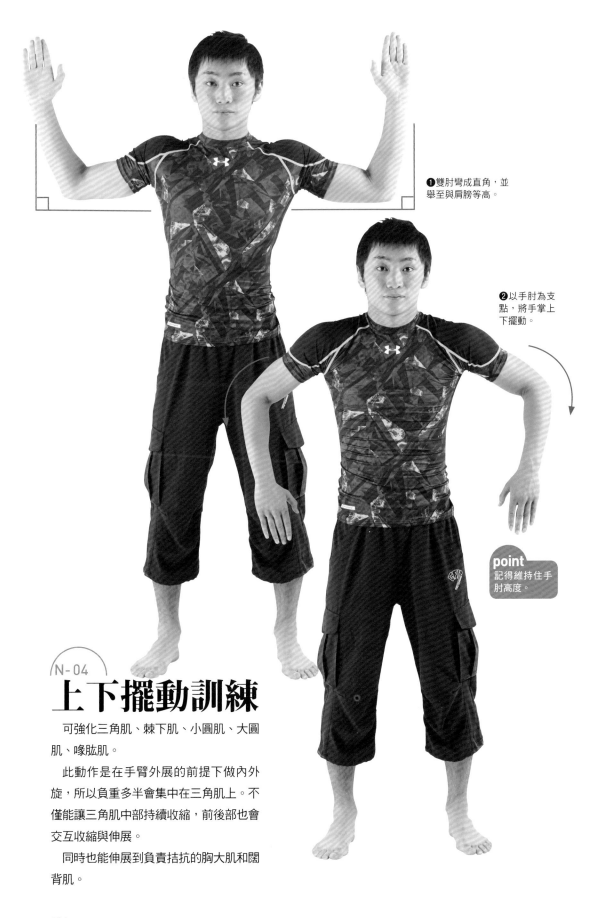

❶雙肘彎成直角，並
舉至與肩膀等高。

❷以手肘為支
點，將手掌上
下擺動。

point
記得維持住手
肘高度。

上下擺動訓練

　可強化三角肌、棘下肌、小圓肌、大圓
肌、喙肱肌。

　此動作是在手臂外展的前提下做內外
旋，所以負重多半會集中在三角肌上。不
僅能讓三角肌中部持續收縮，前後部也會
交互收縮與伸展。

　同時也能伸展到負責拮抗的胸大肌和闊
背肌。

第1章 構成肩膀的骨骼

第2章 構成肩膀的肌肉

第3章 肩膀的運動

第4章 常見的肩膀問題與不適

第5章 肩膀的類型與確認法

第6章 各種肩膀類型的運動

第7章 肩功能改善運動

❶雙手往斜上方展開。

❷放下手肘的同時，在背部正中央擠出皺褶。

point
動作時腹部出力，避免腰部反折。

point
挺起胸膛，讓背部正中央能擠出皺褶。

N-05

歡呼訓練

可強化三角肌後部、肱三頭肌、喙肱肌、肩胛下肌，還可伸展到負責拮抗的肱二頭肌長頭與短頭、三角肌前部與中部。

187

O 活動上臂的肌肉伸展

透過伸展讓活動肩關節的肌肉完全舒緩放鬆。
這樣不僅能改善活動度，
還能促進血液流動，將停滯的氧氣與營養送至肩膀的肌肉，
確保肩膀的可動範圍。

❶放鬆站立。

❷手臂往後舉起，
做出接棒動作。

O-01
接棒伸展

可伸展大圓肌、小圓肌、棘下肌、三角肌後部、胸大肌的胸骨部，同時還能收縮負責拮抗的三角肌前部、喙肱肌等。

point
動作時手肘勿彎。

❷將球朝斜前方滾動，
並外旋手臂。

point
滾球時，要掌握到體側上部，決定好球的位置。

位置不同，拉伸到的肌肉也會有些許變化，各位不妨實際感受看看。

❶一手貼地，另一手擺在瑜伽球上，將球朝斜前方滾動並伸直手肘。

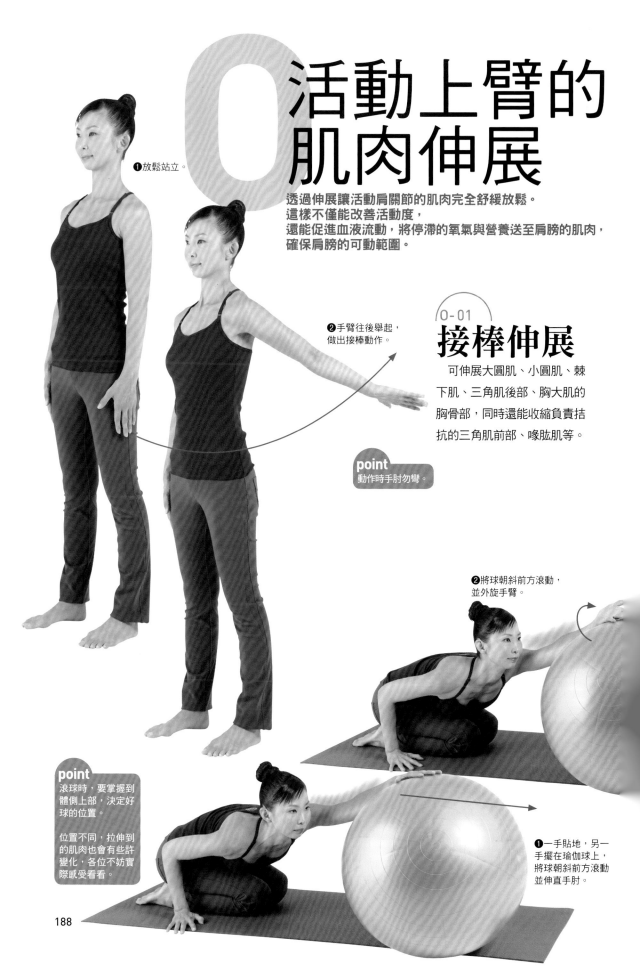

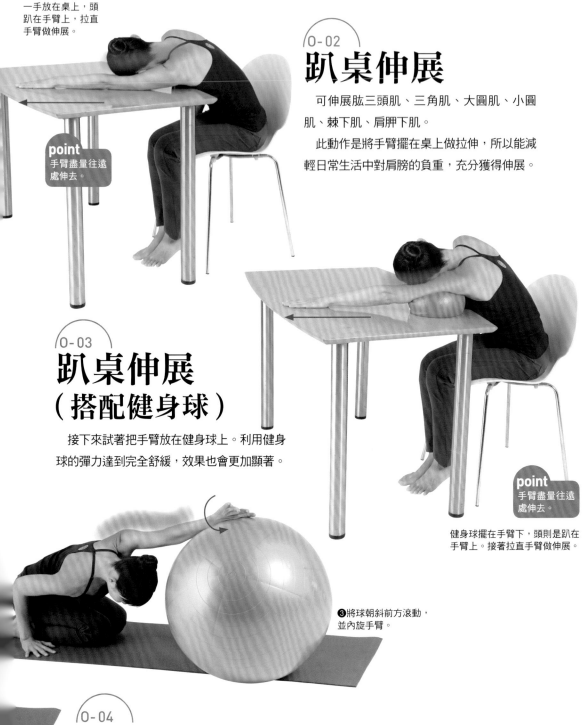

一手放在桌上，頭
趴在手臂上，拉直
手臂做伸展。

point
手臂盡量往遠
處伸去。

O-02 趴桌伸展

可伸展肱三頭肌、三角肌、大圓肌、小圓肌、棘下肌、肩胛下肌。

此動作是將手臂擺在桌上做拉伸，所以能減輕日常生活中對肩膀的負重，充分獲得伸展。

point
手臂盡量往遠
處伸去。

健身球擺在手臂下，頭則是趴在
手臂上。接著拉直手臂做伸展。

O-03 趴桌伸展（搭配健身球）

接下來試著把手臂放在健身球上。利用健身球的彈力達到完全舒緩，效果也會更加顯著。

❸將球朝斜前方滾動，
並內旋手臂。

O-04 翻滾瑜伽球伸展

可伸展肱三頭肌、三角肌、大圓肌、小圓肌、棘下肌、肩胛下肌。

翻滾瑜伽球的過程中，手臂位置也會改變，能將肌肉朝多個方向拉伸，增加伸展效果。

第1章 構成肩膀的骨骼
第2章 構成肩膀的肌肉
第3章 肩膀的運動
第4章 常見的肩膀問題與不適
第5章 肩膀的類型與確認法
第6章 各種肩膀類型的運動
第7章 肩功能改善運動

鞠躬伸展

這個動作必須先將膝蓋打直，接著從髖關節開始前傾上半身，同時把交扣於後方的雙手往上伸展。雙手交扣，手肘打直往上伸展時，會拉伸到前鋸肌、胸小肌、三角肌前部、胸大肌鎖骨部、喙肱肌、肩胛下肌以及前臂的肌肉。

❶站立，雙手交扣於後方。

❷挺直背部並往前傾。

❸臉持續朝前方，並將交扣的手上舉。

point
動作時不可拱起背部。

與肩膀活動度及姿勢維持相關的肌肉運動

會運動到的主要肌肉＝
椎前肌群、斜角肌群、枕下肌群、固有背肌

放鬆＝

1 搖晃健身球放鬆
2 頸部前傾放鬆
3 頸部後傾放鬆

肌力強化＝

1 椅子後傾訓練
2 抬頸訓練

伸展＝

頸部下壓訓練

與肩膀活動度及姿勢維持相關的肌肉放鬆

肩膀不僅要支撐沉重的頭部，還須背負起垂吊雙臂的功能。
一旦頭部位置不正確（姿勢不良），肩膀負擔也會隨之增加。
另外，為了講究作業效率，雙臂經常維持在能自由活動的垂吊狀態，
導致手臂的重量總是附加於肩上。
肩膀不僅容易疲勞，也會常出現問題。
這時就必須放鬆疲勞的肌肉，盡可能地減輕肩膀負擔。

P-01

搖晃健身球放鬆

可伸展到斜角肌、胸鎖乳突肌、提肩胛肌、斜方肌、
肩胛舌骨肌，達舒緩效果。

頭部（頸部）完全不要出力，利用健身球的彈力舒服
地搖晃健身球來放鬆。

point
健身球擺放的位置是頸部，
而不是頭部。

健身球只須充半飽的氣即可。

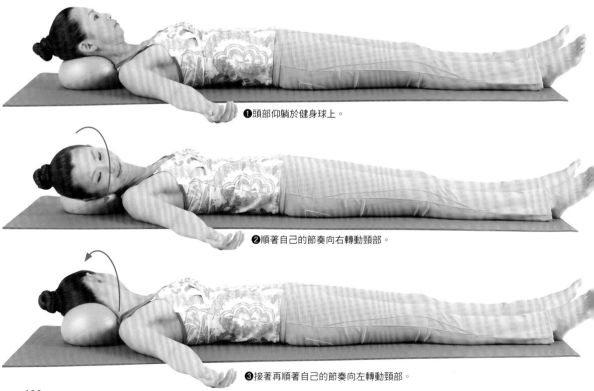

❶頭部仰躺於健身球上。

❷順著自己的節奏向右轉動頸部。

❸接著再順著自己的節奏向左轉動頸部。

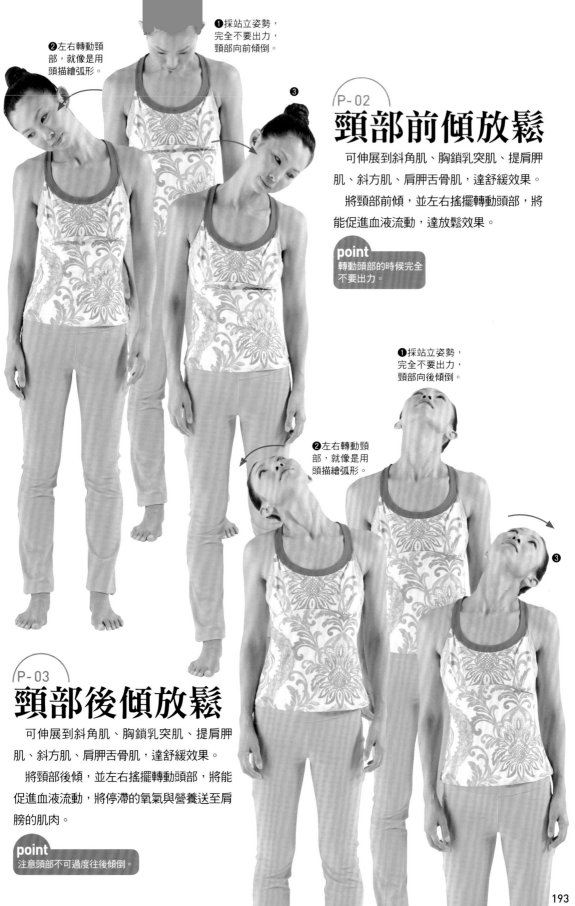

第1章 構成肩膀的骨骼

第2章 構成肩膀的肌肉

第3章 肩膀的運動

第4章 常見的肩膀問題與不適

第5章 肩膀的類型與確認法

第6章 各種肩膀類型的運動

第7章 肩功能改善運動

❷左右轉動頸部，就像是用頭描繪弧形。

❶採站立姿勢，完全不要出力，頸部向前傾倒。

❸

P-02
頸部前傾放鬆

可伸展到斜角肌、胸鎖乳突肌、提肩胛肌、斜方肌、肩胛舌骨肌，達舒緩效果。

將頸部前傾，並左右搖擺轉動頭部，將能促進血液流動，達放鬆效果。

point
轉動頭部的時候完全不要出力。

❶採站立姿勢，完全不要出力，頸部向後傾倒。

❷左右轉動頸部，就像是用頭描繪弧形。

❸

P-03
頸部後傾放鬆

可伸展到斜角肌、胸鎖乳突肌、提肩胛肌、斜方肌、肩胛舌骨肌，達舒緩效果。

將頸部後傾，並左右搖擺轉動頭部，將能促進血液流動，將停滯的氧氣與營養送至肩膀的肌肉。

point
注意頭部不可過度往後傾倒。

與肩膀活動度及姿勢維持相關的肌力強化

強化與肩膀活動度及姿勢維持相關的頸部和背部肌肉。
這些肌肉太弱的話，頸部會無法固定在正確位置，對肩膀的負荷也會隨之增加。
這時必須強化肌力，讓頸部處於正確位置，將肩膀負擔降至最低。

Q-01
椅子後傾訓練

可強化胸鎖乳突肌、斜角肌、提肩胛肌、斜方肌、腰大肌。

後傾時身體必須打直，頸部不可後仰。

頸部感覺負荷過重時，可用雙手支撐住頭部。

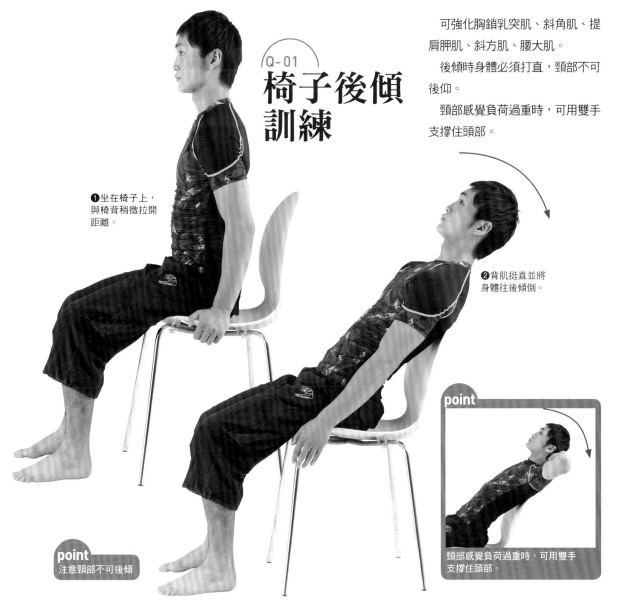

❶坐在椅子上，與椅背稍微拉開距離。

❷背肌挺直並將身體往後傾倒。

point
注意頸部不可後傾

point
頸部感覺負荷過重時，可用雙手支撐住頭部。

Q-02
抬頸訓練

往前後左右提起頸部，強化斜角肌、胸鎖乳突肌、提肩胛肌、斜方肌。

point
抬起放下時速度要慢，才能充分感受頭部重量。

❶仰躺，抬起頸部。

❷趴著，抬起頸部。

❸側躺，伸直壓在身體下方的手臂。

❸抬起頸部。另一邊的動作相同。

第1章 構成肩膀的骨骼

第2章 構成肩膀的肌肉

第3章 肩膀的運動

第4章 常見的肩膀問題與不適

第5章 肩膀的類型與確認法

第6章 各種肩膀類型的運動

第7章 肩功能改善運動

與肩膀活動度及姿勢維持相關的肌肉伸展

與肩膀活動度及姿勢維持相關的頸部和背部肌肉，負重比想像中還要大，是非常容易疲勞的部分。
所以必須伸展這些肌肉，消除肩膀僵硬與疲累。
此伸展還能促進血液流動，將停滯的氧氣與營養送至肩膀的肌肉。

R-01

頸部下壓訓練

可伸展斜角肌、胸鎖乳突肌、提肩胛肌、斜方肌、肩胛舌骨肌，並改善頸椎關節的活動度。

point
頸部倒向正側方，另一側的肩膀要刻意下壓做到伸展。

❶頸部向右傾倒，並以右手確實壓住頭部做伸展。左肩要維持下壓狀態。

❷頸部向左傾倒，並以左手確實壓住頭部做伸展。右肩要維持下壓狀態。

7

呼吸肌肉的運動

斜角肌、橫膈膜

放鬆＝
手肘舉降放鬆舒緩

肌力強化＝
後支撐騰空訓練

伸展＝
壓肩呼吸伸展

呼吸肌肉的放鬆

呼吸肌肉的斜角肌與橫膈膜，是在吸氣時會用到的肌肉。
這些肌肉變僵硬的話，就會較難吐氣。
所以要藉由放鬆肌肉，讓呼吸順暢。

S-01
手肘舉降
放鬆舒緩

以繃緊、鬆弛斜角肌的方式提升放鬆效率。用力呼吸就能帶動橫膈膜上下運動。

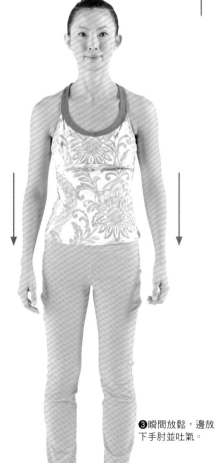

❶站立，手指靠在肩膀。這時要收緊小腹。

❷固定手指的位置並繼續收緊小腹，接著大口吸氣並舉高雙肘。

point
要用力舉高手肘，並瞬間放鬆。

❸瞬間放鬆，邊放下手肘並吐氣。

❶站在與腰差不多等高的檯前，雙手靠著檯子。

呼吸肌肉的肌力強化

強化呼吸肌肉的斜角肌與橫膈膜，為呼吸使用的肌肉備妥餘力。

T-01
後支撐騰空訓練

收縮並強化斜角肌。

❷上體勿後傾，接著伸直雙肘讓腳跟騰空，將身體直直往上提。

point
雙肩要下壓，讓身體筆直上提。

放鬆站立，雙肩維持下壓狀態。

嘴巴微開，用嘴巴深呼吸。

point
用嘴巴，不要用鼻子呼吸。

呼吸肌肉的伸展

刻意大口呼吸，伸展斜角肌與橫膈膜。

U-01
壓肩呼吸伸展

下壓雙肩做深呼吸。

第1章　構成肩膀的骨骼
第2章　構成肩膀的肌肉
第3章　肩膀的運動
第4章　常見的肩膀問題與不適
第5章　肩膀的類型與確認法
第6章　各種肩膀類型的運動
第7章　肩功能改善運動

199

肩膀的運動一覽（圖解）

鎖骨運動

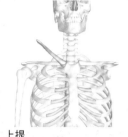

上提

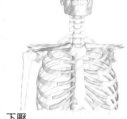

下壓

前突

後縮

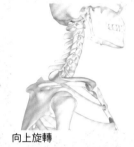

向上旋轉

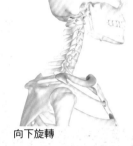

向下旋轉

肩胛骨運動

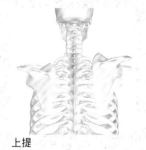

上提

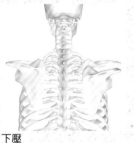

下壓

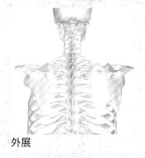

外展

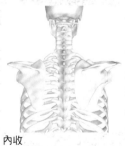

內收

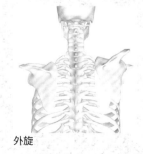

外旋

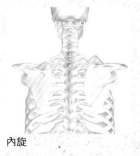

內旋

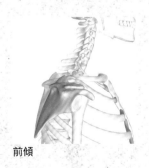

前傾

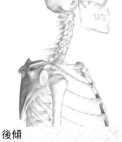

後傾

鎖骨＋肩胛骨＋肱骨的複合運動

肩帶屈曲

肩帶伸展

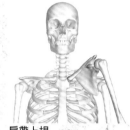

肩帶上提

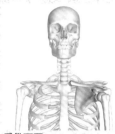

肩帶下壓

肩關節屈曲（向前上提）

肩關節伸展（向後上提）

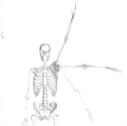

肩關節外展（側邊上提）

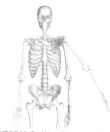

肩關節內收

肩關節外旋

肩關節的內旋

肩關節水平屈曲

肩關節水平伸展

肩關節畫圓運動

與肩膀運動相關的肌肉一覽

附著於肩帶骨骼上的肌肉

●斜方肌　trapezius

【起點】
枕骨上項線、枕外隆凸、項韌帶、第7頸椎以下全胸椎棘突與棘上韌帶

【終點】
肩胛骨的肩胛棘、肩峰上緣以及鎖骨外側1/3處

【主要功用】
上部負責將肩胛骨與鎖骨肩峰端往內上方提起。中部能讓肩胛骨朝內側靠攏，接近脊柱。下部則是能讓肩胛骨上部往內下方下壓，同時讓下角外旋。

【支配神經】
副神經（外枝）與頸神經叢肌枝C2-C4

【血管】
枕動脈、橫頸動脈淺枝、肩胛上動脈、肋間後動脈、頸深動脈等

●大菱形肌　rhomboid major

【起點】
第1～4(5)胸椎棘突與棘上韌帶

【終點】
肩胛骨內側緣（低於肩胛棘）

【主要功用】
將肩胛骨往內上方提起

【支配神經】
肩胛背神經C4-C6

【血管】
橫頸動脈深枝（肩胛下動脈）、肋間動脈

●小菱形肌　rhomboid minor

【起點】
下部項韌帶、第(5)6、7頸椎棘突

【終點】
肩胛骨內側緣（肩胛棘的高度）

【主要功用】
將肩胛骨往內上方提起

【支配神經】
肩胛背神經C4-C6

【血管】
橫頸動脈深枝（肩胛下動脈）、肋間動脈

●提肩胛肌　levator scapulae

【起點】
第1～(3)4頸椎棘突後結節

【終點】
肩胛骨上角與內側緣上部

【主要功用】
將肩胛骨往上內側提起

【支配神經】
頸神經叢的分枝與肩胛背神經C2-C5

【血管】
橫頸動脈、肋間動脈等

●前鋸肌　serratus anterior

【起點】
第1～8(9、10)肋骨前外側面

【終點】
第1、第2肋骨以及起始於兩者間的腱弓肌束，結束在肩胛骨上角。從第2、第3肋骨開始分散開來的肌束，結束於肩胛骨內側緣。第4肋骨以下的肌束則結束於下角。

【主要功用】
整體負責將肩胛骨往前拉

【支配神經】
胸長神經C5-C7(C8)

【血管】
橫頸動脈深枝（背肩胛動脈）、胸肩峰動脈胸肌枝、胸背動脈、外胸動脈等

●胸小肌　pectoralis minor

【起點】
第2(3)～5肋骨表面

【終點】
肩胛骨喙突

【主要功用】
將肩胛骨往前下方拉

【支配神經】
內胸神經及外胸神經C7、C8(T1)

【血管】
胸肩峰動脈、外胸動脈、上胸動脈等

●鎖骨下肌　subclavius

【起點】
第1肋骨上面的胸骨端

【終點】
鎖骨中部下面

【主要功用】
將鎖骨往下拉

【支配神經】
鎖骨下神經C5(C6)

【血管】
胸肩峰動脈

●肩胛舌骨肌　omohyoid

【起點】
肩胛骨上緣（下腹）

【終點】
（上腹）舌骨體下緣外側

【主要功用】
將舌骨往下後方拉

【支配神經】
頸襻分枝C1-C3(C4)

【血管】
外頸動脈及鎖骨下動脈分枝

●胸鎖乳突肌　sternocleidomastoid

【起點】
胸骨為胸骨柄前面、鎖骨為鎖骨的胸骨端

【終點】
顳骨乳突、枕骨上項線的外側

【主要功用】
兩邊同時作用的話，脖子會縮起，下顎往前凸。單邊作用時，臉部會轉向另一側。輔助吸氣

【支配神經】
副神經外枝、頸神經叢肌枝C2、C3

【血管】
上甲狀腺動脈、枕動脈等

附著於上臂、前臂骨骼的肌肉

●棘上肌　supraspinatus

【起點】
肩胛骨棘上窩、棘上筋膜內面

【終點】
肱骨大結節上部、肩關節囊

【主要功用】
肩關節的外展

【支配神經】
肩胛上神經C5、C6

【血管】
橫頸動脈淺枝、橫頸動脈深枝（背肩胛動脈）、肩胛上動脈、旋肩胛動脈

●棘下肌　infraspinatus
【起點】
肩胛骨棘上窩、棘下筋膜內面
【終點】
肱骨大結節中部
【主要功用】
肩關節的外旋，上部為外展、下部為內收
【支配神經】
肩胛上神經C5、C6
【血管】
旋肩胛動脈、肩胛上動脈

●肩胛下肌　subscapularis
【起點】
肩胛骨肋骨面（肩胛下窩）與肩胛下筋膜內面
【終點】
肱骨前面的小結節、小結節嵴上端內側、肩關節囊
【主要功用】
肩關節的內旋
【支配神經】
肩胛下神經C5、C6
【血管】
旋肩胛動脈（肩胛下動脈的分枝）、肩胛上動脈

●小圓肌　teres minor
【起點】
肩胛骨後面外緣的上半部、棘下筋膜
【終點】
肱骨大結節下部、大結節嵴上端、肩關節囊
【主要功用】
肩關節的外旋
【支配神經】
腋神經C5、C6
【血管】
旋肩胛動脈（肩胛下動脈的分枝）

●大圓肌　teres major
【起點】
肩胛骨下角部、棘下筋膜下部外面
【終點】
肱骨小結節嵴
【主要功用】

肩關節的內收、內旋、伸展
【支配神經】
肩胛下神經C5-C6（C7）
【血管】
旋肩胛動脈（與背肩胛動脈吻合）

●三角肌　deltoid
【起點】
肩胛棘、肩峰、鎖骨外側1／3處
【終點】
肱骨三角肌粗隆
【主要功用】
讓肩關節外展，前部只能屈曲、後部只能伸長
【支配神經】
腋神經C4（C5）-C6
【血管】
腋動脈（肩胛下動脈、胸肩峰動脈）、肱動脈（肱深動脈）等

●喙肱肌　coracobrachialis
【起點】
喙突
【終點】
肱骨內側面中部（小結節嵴下方）
【主要功用】
肩關節的屈曲、內收
【支配神經】
肌皮神經（C5）、C6、C7
【血管】
肱動脈（後、前旋肱動脈）

●肱二頭肌
biceps brachii
●肱二頭肌長頭
long head of biceps brachii
【起點】
肩胛骨的盂上結節
【終點】
橈骨粗隆、部分的結束點是從肱二頭肌腱膜到肱筋膜
【主要功用】
肩關節的外展
【支配神經】
腋神經C4（C5）、C6
【血管】
肱動脈、腋動脈

●肱二頭肌短頭
short head of biceps brachii
【起點】
肩胛骨喙突
【終點】
與肱二頭肌長頭一起結束於相同位置
【主要功用】
肩關節的內收
【支配神經】
腋神經C4（C5）、C6
【血管】
肱動脈、腋動脈

●肱三頭肌長頭
long head of triceps brachii
【起點】
肩胛骨盂下結節
【終點】
尺骨鷹嘴
【主要功用】
肩關節的伸展、肘關節的伸展
【支配神經】
橈骨神經（C6）、C7、C8
【血管】
肱深動脈、尺側副動脈、後旋肱動脈

●闊背肌　latissimus dorsi
【起點】
第6～8胸椎以下的棘突。腰背腱膜、髂嵴、第（9）10～12肋骨及肩胛骨下角
【終點】
肱骨小結節
【主要功用】
讓上臂內收、往後內方拉伸
【支配神經】
胸背神經（C6）、C7、C8
【血管】
胸背動脈（肩胛下動脈）

●胸大肌　pectoralis major
【起點】
（鎖骨部）鎖骨內側1／2～2／3處、（胸肋部）胸骨前面與由上算起5～7塊肋軟骨、（腹部）腹直肌鞘表面
【終點】
肱骨大結節
【主要功用】

內收並內旋上臂

【支配神經】

胸背神經（C5）C6-T1

【血管】

胸肩峰動脈、上胸動脈、外胸動脈、前旋肱動脈等

其他肌肉：與肩膀運動及姿勢維持相關的肌肉

椎前肌群　prevertebral muscles

●**頸長肌**　longus coli

【起點】

垂直部為第5頸椎～第3胸椎、上斜部為第（2）3～5（6）頸椎橫突、下斜部為第1～第3胸椎

【終點】

垂直部為第2～第4頸椎、上斜部為寰椎前結節、下斜部為第5～第7頸椎橫突

【主要功用】

兩邊同時作用時頸椎會向前彎，單邊作用時則會朝同側彎曲

【支配神經】

頸神經前枝C2-C6

【血管】

下甲狀腺動脈、咽升動脈、椎動脈肌枝

●**頭長肌**　longus capitis

【起點】

第3～6頸椎橫突的前結節

【終點】

枕骨底部下面咽喉結節的前方

【主要功用】

兩邊同時作用時頭會往前彎，單邊作用時則會朝同側彎曲

【支配神經】

頸神經前枝C1-（C4）C5

【血管】

下甲狀腺動脈、咽升動脈、椎動脈肌枝

●**頭前直肌**　rectus capitis anterior

【起點】

頸椎外側塊前部、橫突

【終點】

枕骨大孔前方

【主要功用】

兩邊同時作用時頭會往前彎，單邊作用時則會朝同側彎曲

【支配神經】

頸神經前枝C1、（C2）

【血管】

下甲狀腺動脈、咽升動脈、椎動脈

●**頭側直肌**　rectus capitis lateralis

【起點】

頸椎橫突前部

【終點】

枕骨頸動脈突起的下面、枕髁外側

【主要功用】

讓頭部朝同側彎曲

【支配神經】

頸神經前枝C1、（C2）

【血管】

椎動脈肌枝

斜角肌群　scalene muscles

●**小斜角肌**　scalenus minimus

【起點】

第6（7）頸椎橫突

【終點】

第1肋骨外側面、胸膜頂

【主要功用】

使胸膜頂緊繃

【支配神經】

頸神經前枝C8

【血管】

同前斜角肌

●**前斜角肌**　scalenus anterior

【起點】

第3～（6）7頸椎橫突的前結節

【終點】

第1肋骨的前斜角肌結節（Lisfranc氏結節）

【主要功用】

將肋骨上提，展開胸廓（吸氣）

【支配神經】

頸神經前枝（C4）C5-C6（C7）

【血管】

甲狀頸幹動脈（下甲狀腺動脈、升頸動脈、橫頸動脈、肩胛上動脈）

●**中斜角肌**　scalenus medius

【起點】

第2～7頸椎橫突的後結節

【終點】

第1肋骨的鎖骨下動脈溝後方（有時為第2、3肋骨）

【主要功用】

將肋骨上提，展開胸廓（吸氣）

【支配神經】

頸神經前枝C2（C3）-C8

【血管】

甲狀頸幹動脈（下甲狀腺動脈、升頸動脈、橫頸動脈、肩胛上動脈）

●**後斜角肌**　scalenus posterior

【起點】

第（4）5～6頸椎橫突的後結節

【終點】

第2肋骨外側面

【主要功用】

將肋骨上提，展開胸廓（吸氣）

【支配神經】

頸神經前枝（C6）C7-C8

【血管】

甲狀頸幹動脈（下甲狀腺動脈、升頸動脈、橫頸動脈、肩胛上動脈）

枕下肌群
suboccipital muscles

●**頭後大直肌**

rectus capitis posterior major

【起點】

樞椎棘突

【終點】

枕骨下項線中央1/3處

【主要功用】

主要負責把頭往後拉，讓頭部維持直立。單邊作用時會朝同側彎曲，且朝同側轉動

【支配神經】

枕下神經內側分枝C1

【血管】

枕動脈、椎動脈、深頸動脈分枝等

●**頭後小直肌**

rectus capitis posterior minor

【起點】

寰椎後結節

【終點】

枕骨下項線內側1/3處

【主要功用】

主要負責把頭往後拉，讓頭部維持直立。單邊作用時會朝同側彎曲

【支配神經】

枕下神經內側分枝C1

【血管】

枕動脈、椎動脈、深頸動脈分枝等

● 頭上斜肌　obliquus capitis superior

【起點】

寰椎橫突前面

【終點】

枕骨下項線外側的外上方

【主要功用】

主要負責把頭往後拉，讓頭部維持直立。單邊作用時會朝同側彎曲

【支配神經】

枕下神經外側分枝C1

【血管】

枕動脈、椎動脈、深頸動脈分枝等

● 頭下斜肌　obliquus capitis inferior

【起點】

樞椎棘突

【終點】

寰椎棘突後部

【主要功用】

主要負責把頭往後拉，讓頭部維持直立。單邊作用時會朝同側彎曲，且朝同側轉動

【支配神經】

頸神經後枝的內側分枝C1、C2

【血管】

枕動脈、椎動脈、深頸動脈分枝等

固有背肌　muscles of back proper

● （頭、頸）夾肌　splenius

【起點】

頭夾肌為項韌帶、第3頸椎～第3胸椎棘突；頸夾肌為第3～6胸椎棘突

【終點】

頭夾肌為乳突與上項線外側；頸夾肌為

第1～3頸椎橫突後結節

【主要功用】

單邊作用時，頭、頸會朝同側旋轉，並傾向同一方向。兩邊同時作用時，頭、頸會朝後反折

【支配神經】

脊髓神經後枝的外側分枝C1-C5

【血管】

枕動脈下行枝的肌枝、橫頸動脈淺枝

● （腰、胸、頸）髂肋肌　iliocostalis

【起點】

髂嵴和薦骨後面、第12～3（4）肋骨的肋角上緣

【終點】

第12～1肋骨肋角及第7～4（3）頸椎橫突後結節

【主要功用】

兩邊同時作用時，脊柱會反折，並將肋骨下拉。單邊作用時，身體會朝同側彎曲

【支配神經】

脊髓神經後枝的外側分枝C8-L1

【血管】

肋間動脈、肋下動脈與腰動脈後枝

● （胸、頸、頭）最長肌　longissimus

【起點】

胸最長肌為髂嵴、薦骨和腰椎棘突；頸最長肌、頭最長肌為胸椎橫突或頸椎關節突（第6胸椎～第5頸椎）

【終點】

胸最長肌為全腰椎的肋突和第3～5以下的肋骨、全腰椎的副突、全胸椎的橫突；頸最長肌為第2～6頸椎橫突的後結節；頭最長肌為顳骨乳突

【主要功用】

兩邊同時作用時，脊柱會反折，並將肋骨下拉。單邊作用時，身體會朝同側彎曲

【支配神經】

脊髓神經後枝的外側分枝C1-L5

【血管】

外薦動脈、肋間動脈、肋下動脈、腰動脈、枕動脈、椎動脈、深頸動脈分枝等

● 棘肌　spinalis

【起點】

第2腰椎～12、11胸椎棘突

【終點】

第8、9～第3、2、1胸椎棘突

【主要功用】

兩邊同時作用時，身體會反折。單邊作用時，身體會朝同側彎曲

【支配神經】

脊髓神經後枝的內側分枝C2-T10

【血管】

肋間動脈、肋頸動脈幹的深頸分枝

● （頭、頸、胸）半棘肌　semispinalis

【起點】

頭半棘肌為第8胸椎～第3頸椎橫突；頸、胸半棘肌為第12～1（2）胸椎橫突

【終點】

頭半棘肌為枕骨上、下項線之間；頸、胸半棘肌為第4胸椎～第2頸椎棘突

【主要功用】

兩邊同時作用時，頭部與脊柱會反折。單邊作用時，脊柱會朝同側彎曲

【支配神經】

脊髓神經後枝的內側分枝（外側分枝）C1-T7

【血管】

肋間後動脈肌枝、枕動脈下行枝、肋頸動脈幹的深頸分枝

● 多裂肌　multifidus

【起點】

薦骨後面、腰椎乳突、胸椎橫突和以下4個頸椎關節突

【終點】

比起點上面1個的棘突（腰部～頸部）

【主要功用】

脊柱伸展（兩側）、側向的同側屈曲（單側）、對側旋轉（單側）輔助。骨盆伸展與單側移動

【支配神經】

脊髓神經後枝C3-S3

【血管】

肋間後動脈與腰動脈內側分枝。肋頸動脈幹的深頸分枝等

● 旋轉肌　rotator

【起點】

腰椎乳突、胸椎橫突、頸椎關節突
【終點】
正上方～間隔1塊的上位椎骨棘突
【主要功用】
輔助脊柱旋轉
【支配神經】
頸、胸、腰神經後枝C3-S3
【血管】
肋間後動脈與腰動脈內側分枝。肋頸動脈幹的深頸分枝等

●棘間肌　intraspinales
【起點】
棘突
【終點】
到第2頸椎為止，會終止於上位的棘突
【主要功用】
輔助脊柱背屈
【支配神經】
脊髓神經後枝
【血管】
肋間動脈背枝、腰動脈肌枝、肋頸動脈幹的深頸分枝

●橫突間肌　intratransversarii
【起點】
全椎骨的橫突或肋突
【終點】
到第2頸椎為止，會終止於上位的橫突或肋突
【主要功用】
輔助脊柱側屈
【支配神經】
固有背肌為脊髓神經後枝，軀幹腹外側肌肉為脊髓神經前枝
【血管】
肋間動脈背枝、腰動脈肌枝和肋頸動脈幹的深頸分枝

其他肌肉：支撐前頸部的肌肉

舌骨下肌群　infrahyoid musgles

●胸骨舌骨肌　sternohyoid
【起點】
胸骨柄、胸鎖關節囊、鎖骨內側的後面

（第1肋軟骨）
【終點】
舌骨體內側的下緣
【主要功用】
將舌骨下拉
【支配神經】
頸襻上根C1、C2
【血管】
頸升動脈分枝

●肩胛舌骨肌　omohyoid
【起點】
肩胛骨上緣（下腹）
【終點】
（上腹）舌骨體下緣外側
【主要功用】
將舌骨往下後方拉
【支配神經】
頸襻分枝C1-C3（C4）
【血管】
外頸動脈及鎖骨下動脈分枝

●胸骨甲狀肌　sternothyroid
【起點】
胸骨柄後面、第1肋軟骨
【終點】
甲狀軟骨的斜線
【主要功用】
將甲狀軟骨往下拉
【支配神經】
頸襻上根C1、C2
【血管】
頸升動脈分枝

●甲狀舌骨肌　thyreohyoid
【起點】
甲狀軟骨的斜線
【終點】
舌骨體與大角後面
【主要功用】
將舌骨往下拉
【支配神經】
伴行舌下神經的頸神經C1
【血管】
頸升動脈分枝

其他肌肉：支撐胸廓的肌肉

●後上鋸肌
serratus posterior superior
【起點】
第4（5）頸椎至第1（2）胸椎的棘突和項韌帶
【終點】
第2～5肋骨的肋角與其外側
【主要功用】
上提第2～5肋骨（輔助吸氣）
【支配神經】
肋間神經（C8）、T1-4
【血管】
肋間動脈分枝

●後下鋸肌　serratus posterior inferior
【起點】
第11胸椎～第2腰椎棘突
【終點】
第9～（11）12肋骨外側的下緣
【主要功用】
將第9～12肋骨往下拉（輔助吐氣）
【支配神經】
肋間神經T9-T11（T12）
【血管】
肋間動脈分枝

肩功能改善運動一覽

提肩肌肉的運動

放鬆＝
1 肩膀上下放鬆
2 甩手臂放鬆
3 上體8字放鬆
4 跪姿轉動瑜伽球放鬆

肌力強化＝
1 肩膀上下運動
2 肩膀上下運動（搭配寶特瓶）
3 肩膀上下運動（搭配彈力帶）

伸展＝
1 彎頸伸展
2 抱頭伸展
3 蜷起伸展
4 肩膀下壓伸展

壓肩肌肉的運動

放鬆＝
1 胸部8字放鬆
2 搖晃瑜伽球放鬆
3 壓滾健身球放鬆

肌力強化＝
1 身體騰空訓練
2 寶特瓶投球訓練
3 壓扁健身球訓練
4 彈力帶拉伸訓練
5 按壓瑜伽球訓練

伸展＝
1 斜向伸展
2 斜下方伸展
3 仰躺健身球伸展
4 仰躺瑜伽柱伸展

靠攏肩胛骨的肌肉運動

放鬆＝
1 轉肩放鬆
2 健身球轉肩放鬆

肌力強化＝
1 開手肌肉訓練
2 夾貼瑜伽柱訓練
3 夾貼健身球訓練
4 拉伸健身球訓練
5 拉伸彈力帶訓練

伸展＝
1 手背貼合伸展
2 勾毛巾伸展
3 抱球伸展

展開肩胛骨的肌肉運動

放鬆＝
1 胸部放鬆舒緩
2 抓握胸部放鬆
3 瑜伽柱按摩放鬆

肌力強化＝
1 合掌訓練
2 按壓瑜伽球訓練
3 壓扁健身球訓練

伸展＝
1 擴胸伸展
2 抓握伸展

活動上臂肌肉的運動

放鬆＝
1 手臂內外旋放鬆
2 前後甩手臂放鬆
3 轉手臂放鬆
4 胸前轉手臂放鬆

肌力強化＝
1 貼臂訓練
2 開臂訓練
3 手臂水平訓練
4 上下擺動訓練
5 歡呼訓練

伸展＝
1 接棒伸展
2 趴桌伸展
3 趴桌伸展 搭配健身球
4 翻滾瑜伽球伸展
5 鞠躬伸展

與肩膀活動度及姿勢維持相關的肌肉運動

放鬆＝
1 搖晃健身球放鬆
2 頸部前傾放鬆
3 頸部後傾放鬆

肌力強化＝
1 椅子後傾訓練
2 抬頸訓練

伸展＝
1 頸部下壓訓練

呼吸肌肉運動

放鬆＝
1 手肘舉降放鬆舒緩

肌力強化＝
1 後支撐騰空訓練

伸展＝
1 壓肩呼吸伸展

參考文獻

小川鼎三 等：解剖学－分担(1) ～ (3)11版，1985（金原出版）
越智淳三 譯：解剖学アトラス，1976（文光堂）
金子丑之助：日本人体解剖学(1) ～ (3)，2003（南山堂）
木村邦彦：姿勢の進化，1974（国勢社）
藤田恒太郎、寺田春水：生体観察，1976（南山堂）
小沢一史 等：トートラ解剖学，2010（丸善）
桑木共之 等譯：トートラ人体の構造と機能，2010（丸善）
嶋田智明 譯：カパンジー関節の生理学，1996（医歯薬出版）
塩田悦仁 譯：カラー版カパンジー機能解剖学 原著第6版，2010（医歯薬出版）
坂井建雄、松村讓兒 監譯：プロメテウス解剖学アトラス解剖学総論／運動器系 第2版，2011（医学書院）
山田茂、福永哲夫：骨格筋－運動による機能と形態の変化，1997（NAP）
山﨑敦 等監修：オーチスのキネシオロジー 身体運動の力学と病態力学 原著第2版，2012（ラウンドフラット）
L.H.Bannister et al: Gray's Anatomy 38th ed., 1995（Churchill Livingstone）
Rauber-Kopsch: Anatomie Des Menschen, 1955（Georg Thieme Verlag）

攝影｜花井 智子
模特兒｜嶋崎 俊
　　　｜半澤 順子
編輯｜伊藤 康子
設計｜山口 義広
插圖｜喜多 啓介
CG彩圖｜細貝 駿（ラウンドフラット）

肩胛完全指南

出版／楓葉社文化事業有限公司
地址／新北市板橋區信義路163巷3號10樓
郵政劃撥／19907596　楓書坊文化出版社
網址／www.maplebook.com.tw
電話／02-2957-6096
傳真／02-2957-6435
總監修、解剖學監修／竹內 京子
運動動作監修／宮崎 尚子
翻譯／蔡婷朱
責任編輯／江婉瑄
內文排版／謝政龍
港澳經銷／泛華發行代理有限公司
定價／480元
初版日期／2021年3月

國家圖書館出版品預行編目資料

肩胛完全指南 / 竹內 京子 · 宮崎 尚子監修
; 蔡婷朱翻譯. -- 初版. -- 新北市：楓葉社文
化事業有限公司, 2021.03　　面；　公分

ISBN 978-986-370-259-7（平裝）

1. 局部解剖學 2. 肩胛骨 3. 上肢

394.25　　　　　　　　　　109021791